U0303574

科学与假设

〔法〕庞加莱 著

张卜天 译

商务印书馆
The Commercial Press
创于1897

Henri Poincaré

SCIENCE AND HYPOTHESIS

本书依据 DOVER PUBLICATIONS, INC.1952 年版和

Bloomsbury Academic, An imprint of Bloomsbury Publishing Plc 2018 年版译出

中译本序言

庞加莱的名著《科学与假设》，终于有了令人满意的中文翻译。它由翻译了欧几里得《几何原本》、哥白尼《天球运行论》、爱因斯坦《狭义与广义相对论浅说》等六十余部科学相关书籍的张卜天教授倾力完成，这是广大科学工作者和爱好者的幸运。庞加莱思想的博大精深是举世公认的，这也使他的作品难以准确翻译。虽然译著等身，卜天也说这是他翻译生涯中最难译的书之一。

何为经典？庞加莱的这本《科学与假设》便是！一本出版于120年前的科普读物，经历了人类文明史上科学技术进步最快的一个世纪之后，不仅没有过时，而且历久弥新，不得不说是一个奇迹。即使在已有多个译本的英文世界，2018年又出了新的英译本。毫无疑问，正是庞加莱超群的科学、哲学和人文修养，创造了这一奇迹。

1937年，数学家埃里克·贝尔（E. T. Bell）在其数学史名著《数学大师——从芝诺到庞加莱》的第二十八章（"最后一个全才——庞加莱"）中，向我们描绘了庞加莱《科学与假设》等科普读物出版后的历史画面："二三十年前，可以在巴黎的公园和咖啡馆里，看到工人和女店员在热心地读着庞加莱的这一部或那一部杰作的印刷简陋、封面纸张低劣的通俗本，而这些著作的较好版本，又可以在有专业学问的人的书架上找到——经过了反复翻动,明显是读过的。这些书被译成英文、德文、西班牙文、匈牙利文、瑞典文和日文出版。庞加莱对所有的人用他们能识别的语言,讲着数学和科学的通用语言。尽管他的风格,他自己特有的风格,在翻译中失去了许多。"事实上,《科学与假设》这本小书,不仅影响过像爱因斯坦这样最杰出的科学家,也影响过像毕加索这样最杰出的艺术家。①然而,庞加莱是如何使《科学与假设》做到雅俗共赏的呢?

庞加莱坚持认为:"科学所把握的并非事物本身,而只是事物之间的关系。除了这些关系,并无可以认识的实在。"为了得出这样的结论,他以下述四个部分来构筑全书:

(1)他从数与量这两个最基本的出发点开始考察,首先说明了数学推理的本性是什么,进而解释了数学量这个极其复杂的基本概念及其与我们经验的相互关系。

(2)在这个基础上,他开始讨论我们强加给世界的另一个框架——空间,为我们讲解了什么是非欧几里得几何;同时他又指出,我们的感官向我们显现的空间与几何学家的空间是截然不同的两种东西,进而对公理的本性得出了极富洞见的见解:"几何学公理既不是先验综合判断,也不是实验事实……仅仅是伪装的定义。"

(3)基于对空间和几何学的透彻理解,庞加莱进而对经典力学

---

① 金晓峰:《庞加莱的狭义相对论之一——洛伦兹群的发现》,《物理》,2022年第3期;《庞加莱的狭义相对论之二——物理学定律的对称性》,《物理》,2022年第4期;《庞加莱的狭义相对论之三——思想与观念》,《物理》,2022年第5期;《庞加莱的狭义相对论之四——庞加莱与洛伦兹和闵可夫斯基》,《物理》,2022年第11期;《庞加莱的狭义相对论之五——庞加莱与爱因斯坦》,《物理》,2023年第1期。

给出了极具独创性的介绍，比如他明确提出："不存在绝对空间，我们只能设想相对运动"；"不存在绝对时间。说两段时间相等，这本身没有任何意义，只有通过约定才能获得意义"；"我们不仅对两段时间的相等没有直接的直觉，甚至对发生在不同地点的两个事件的同时性也没有直接的直觉"；"因此，绝对空间、绝对时间和几何学本身都不是力学的必要条件。所有这些东西并不先于力学，就像法语在逻辑上并不先于用法语表述的真理一样。"

（4）基于对数学和力学的通透认识，庞加莱最后用相对前三部分更大的篇幅，对光学和电学以及电动力学等物理学核心部分的历史和现状做了精辟的综述，其中许多先知般的洞见，经受住了时间的考验。比如他说："以太是否真的存在对我们来说无关紧要，让我们把这个问题留给形而上学家。对我们来说最重要的是，一切都像以太存在那样发生，这个假设对于解释现象很有用。毕竟，我们还有其他理由相信物体的存在吗？那也只是一个有用的假设，只不过它总是有用的，总有一天，以太无疑会作为无用之物而遭到拒斥。"再比如谈到物体相对以太的绝对运动时，他说："我必须解释为什么我并不认为更精确的观测会揭示除物体的相对位移以外的任何东西，尽管洛伦兹认为是如此。人们已经做了本应揭示一阶项的实验，但结果是否定的。这可能只是偶然吗？没有人承认这一点。洛伦兹找到了一种一般性的解释。他表明，一阶项应当相互抵消，而二阶项则不然。然后，人们做了更精确的实验，它们也是否定的，这也不可能是偶然。我们需要一种解释，并且一如既往地找到了它。假设是我们最不缺的东西。但这还不够。谁不觉得这再次让偶然性起了太大的作用呢？如果一种特定情况的发生恰好使一阶项消失，而另一种完全不同但非常适时的情况则使二阶项消失，这难道不也是一种偶然吗？不，对于这两种情况必须找到相同的解释，一切都倾向于表明，这种解释也适用于高阶项，而且这些项的相互抵消将是严格和绝对的。"

事实上，庞加莱这一系列有关空间与几何、时间与同时性、绝对运动与相对运动的观念，很好地解释了为什么他一旦了解到洛伦兹的正确时空变换式（1904 年），就能一锤定音地创建了基于四维时空赝欧几里得几何的狭义相对论（1905 年）。

庞加莱的《科学与假设》之所以能在全球被雅俗共赏，除了上述高度提炼和精心挑选的内容之外，他独特的戏剧式叙述和数学式严密表达同样引人注目。从导言开始直至最后一章，他总是开门见山地抛出他想要讨论的问题，而且常常以广为流传的误解开头，并马上以自己的观点作答，由此造成强烈的戏剧性冲突和张力，然后才娓娓道来地给出严密而有力的论证，最后再给出简短的总结。所以，对于非专业的读者而言，只要认真读一下每章的开头以及结尾处的小结，似乎就能对全书内容达到"速成"的了解；而对专业读者而言，除了惊叹于这种戏剧性冲突，或许更多地会被庞加莱充满洞见的严密论证所折服。

这里，我们仅以全书的导言为例，对他的表达方式略加说明。他一上来就将流传的误解"科学真理是不容怀疑的，科学的逻辑是绝对正确的……这些真理不仅适用于我们，而且适用于自然本身……"当作靶子高举起来，接着马上亮出自己的观点："稍加反思，我们就会认识到假设所占据的地位，意识到数学家没有它不行，实验家没有它就更不行。"然后他话锋一转，又给出了（唯名论者）完全相反的对科学的误解："于是我们质疑这些建筑是否真的很坚固，是否一阵风就能把它们吹倒。"接着再一次给出自己的观点："以这种方式进行怀疑仍然是肤浅的"，并以他的一句至理名言作为结论："怀疑一切或相信一切是两种同样省事的解决方案：两者都让我们免于思考。"然后，庞加莱以简洁而清晰的方式对自己的两个观点略加论证，更重要的是想告诉我们，这本《科学与假设》为什么会是这样一个结构（即全书的四个部分）。"这就是我们将要得出的结论，但要达到这一点，我们必须先来考察从算术和几何学到力学和实验物理学的一系列科学。"正是这种戏剧性的冲突和解决，使庞加莱的科普文章独具魅力、雅俗共赏。

最后，顺便提一下，是我建议卜天在这一新译中添加了庞加莱1906 年为《科学与假设》英译本所写的序。在这篇序中，庞加莱详细比较了盎格鲁-撒克逊人和拉丁人在数学和自然研究上趣味或风格的反差及其优缺点。这是将科学创造过程上升到美学高度加以分析的一篇科学哲学范文，对于在趣味或风格上差别更大的中国人应该会有不小的启发。

金晓峰
复旦大学物理系
2023 年 6 月

目　　录

第四部分 自然

作者为霍尔斯特德英译本所作的序

我非常感谢霍尔斯特德（Halsted）博士，他一直出色地将我的书以清晰而忠实的译文呈现给美国读者。

众所周知，这位学者已经不辞劳苦地翻译了许多欧洲著作，从而有力地促进了新大陆对旧大陆思想的理解。

有人喜欢反复强调，盎格鲁-撒克逊人的思维方式与拉丁人或日耳曼人不同，他们有另一种方式来理解数学或物理学；在他们看来，这种方式比其他所有方式更优越；他们觉得无需改变它，甚至无需了解其他民族的方式。

毫无疑问，他们是错的，但我相信这不是真的，或者至少，这不再是真的。一段时间以来，英国人和美国人比以前更加致力于更好地理解欧洲大陆的思想和言论。

诚然，每个民族都会保护自己的典型特征，如果不是这样，那就太可惜了。如果盎格鲁-撒克逊人想成为拉丁人，他们只可能是糟糕的拉丁人；一如法国人试图模仿盎格鲁-撒克逊人，结果只能是可怜的盎格鲁-撒克逊人。

英国人和美国人做出了他们本可以独自做出的科学成就；他们还会做出更多或其他人做不到的科学成就。因此，如果他们不再是盎格鲁-撒克逊人，那将是可悲的。

但大陆人做了英国人做不到的事，所以也没有必要希望全世界都成为盎格鲁-撒克逊人。

每个人都有自己独特的天赋，这些天赋应该是多样的，否则科学音乐会就会像四重奏一样，每个人都想拉小提琴。

但小提琴不妨知道大提琴在演奏什么，反之亦然。

英国人和美国人越来越理解的正是这一点；从这一观点来看，霍尔斯特德博士所作的翻译非常及时。

首先考虑与数学科学有关的问题。人们常说，英国人研究数学只是为了应用，他们甚至鄙视那些有其他目的的人；他们厌恶过于抽象的思辨，觉得带有形而上学味道。

即使在数学方面，英国人也总是从特殊到一般，这样他们就永远不会像许多日耳曼人一样，从集合论的大门进入数学。

可以说，他们总要把一只脚留在感官世界，永不烧毁连接他们与现实的桥梁。

因此，他们无法理解或至少无法欣赏某些比实用性更有趣的理论，例如非欧几何。因此，本书关于数和空间的前两部分，在他们看来似乎没有任何实质内容，只会让他们感到困惑。

但事实并非如此。首先，他们是人们所说的那种毫不妥协的实在论者吗？他们绝对抗拒形而上学或一切形而上的事物吗？

回想一下贝克莱，他无疑出生于爱尔兰，但立即被英国人所接受，他标志着英国哲学发展中的一个自然而必要的阶段。

这还不足以表明，他们不乘坐热气球就能升天吗？

回到美国，在芝加哥出版的期刊《一元论者》(Monist)即使在我们看来也很大胆，不是也能找到读者吗？

那么数学呢？你认为美国几何学家只关心应用吗？远非如此。他们最热衷于研究的那部分科学是形式最抽象、最远离实际的置换群理论。

此外，霍尔斯特德博士每年都会定期对所有与非欧几何相关的作品进行回顾，周围有一批人对他的工作深感兴趣。他引导这些人进入了希尔伯特的思想，甚至还基于这位著名德国学者的原理撰写了一部关于"理性几何学"的初等论著。

在教学中引入这一原理，肯定会烧毁所有依靠感官直觉的桥梁，我承认，这是一种在我看来几乎是鲁莽的大胆。

因此，在研究空间概念的起源方面，美国公众的准备要比人们以为的好得多。

此外，分析这个概念并不是为了某种幻觉而牺牲现实。几何学的语言毕竟只是一种语言。空间只是一个我们相信的词。这个词和其他词的起源是什么？它们隐藏了什么东西？这样问是允许的；相反，禁止它将是一种语言欺骗；那将是崇拜一个形而上的偶像，就像野蛮人在木头雕像前俯伏在地，不敢看里面的东西一样。

在研究自然方面，盎格鲁-撒克逊精神与拉丁精神之间的反差要更大。

拉丁人一般试图用数学形式来表达思想，英国人则更喜欢用物质的形式来表达。

毫无疑问，两者都只依靠经验来认识世界；当他们碰巧超越了这一点时，他们认为自己的先见之明只是暂时的，并急于向大自然作最终的求证。但经验并不是全部，学者也不是被动的；他不会等待真理降临，也不会等待一次偶然的会面让他面对真理。

他必须去迎接真理，正是他的思想向他揭示了通往真理的道路。为此需要一种工具；好吧，这里就开始了分歧，拉丁人通常选择的工具并不是盎格鲁-撒克逊人喜欢的工具。

对于拉丁人来说，真理只能由方程来表达；它必须服从简单、逻辑、对称的定律，适合满足热衷于数学优雅的人。

而盎格鲁-撒克逊人，为了描述一种现象，首先会全神贯注地制作一个模型，而且会用我们粗陋的、没有辅助的感官向我们展示的普通材料来制作。他还会提出一个假设，默认大自然在其最精细的元素中与在复杂的集合体中是一样的，只有这些集合体才是我们的感官所能企及的。他从物体推论到原子。

因此，两者都做假设，这的确是必要的，因为没有科学家能够离开假设。最重要的是，永远不要无意识地做假设。

从这个角度来看，这两类物理学家最好相互了解一下；在研究与自己不同的心智的运作时，他们会立即意识到，在这种运作中有许多假设。

毫无疑问，这不足以让他们明白，他们自己也做了同样多的假设；每个人都看到了尘埃，却没有看到光束；但他们会通过批评来警告其竞争对手，可以认为这些批评会对他们起同样的作用。

在我们看来，英国人的程序往往很粗糙，他们自认为发现的类比有时显得很肤浅；这些类比没有充分互锁，不够精确；它们有时会出现不连贯和术语上的矛盾，这会让具有几何学精神的人感到震惊，使用数学方法会立即证明这一点。但另一方面，非常幸运的是，他们没有意识到这些矛盾；否则，他们会拒绝其模型，无法从中推导出他们经常从中得出的出色结果。

于是，当这些矛盾最终被感知时，它们的优势在于向他们显示了其概念的假设性，而数学方法因其明显的严格性和不可改变的过程，常常会使我们激起一种毫无来由的自信，并阻止我们环顾四周。

然而，从另一个角度来看，这两种观念非常不同，如果非要说的话，它们大相径庭乃是因为一个共同的错误。

英国人希望用我们看到的东西来理解世界。我指的是我们用肉眼看到的东西，而不是用显微镜，甚至是更精细的显微镜，即科学诱导的人类头脑看到的东西。

拉丁人想用公式来理解世界，但这些公式仍然是对我们所见之物的精粹表达。总而言之，两者都会用已知之物来理解未知之物，其借口是别无他法。

然而，如果未知之物是简单的，而已知之物是复杂的，这是否正当呢？

如果我们认为简单物就像复杂物，或者更有甚者，如果我们力图用本身就是复合物的要素来构造简单物，我们难道不会对简单物形成错误观念吗？

每一项伟大的进展，不都是在有人在我们的感官所显示的复杂集合体背后发现了更简单的、甚至也不像它的东西的那一天做出的吗？比如牛顿用一个更简单的、等价但又不同的万有引力定律取代开普勒的三个定律，就是如此。

有理由问，我们是否正处于这样一场革命甚至更重要的革命的前夕。物质似乎即将失去质量，失去其最坚实的属性，并分解为电子。然后，力学必须让位于一种更广泛的构想，这种构想将会解释力学，但力学无法解释这种构想。

因此，英国人试图通过物质模型来构建以太，或者法国人试图将动力学定律应用于以太，都是徒劳的。是以太这种未知之物解释了物质这种已知之物，而物质无法解释以太。

庞加莱

导　　言

　　对于一个肤浅的观察者来说，科学真理是不容怀疑的，科学的逻辑是绝对正确的，如果科学家有时错了，那是因为他们忽视了科学规则。数学真理是通过一连串无懈可击的推理从少数自明的命题推出来的。这些真理不仅适用于我们，而且适用于自然本身。它们仿佛约束着造物主，只容许他在相对较少的解决方案中进行选择。只需少数几个实验就足以告诉我们他做出了什么选择。通过一系列数学演绎，每一个实验都可以产生许多推论，正是以这种方式，每一个实验都会向我们揭示宇宙的一部分。

　　许多受过良好教育的人以及获得最早的物理学概念的中学生，就是这样理解科学确定性的起源的，也是这样理解实验和数学的作用的。这也是一百年前希望用尽可能少的经验材料来构造世界的许多科学家和哲学家的理解。稍加反思，我们就会认识到假设所占据的地位，意识到数学家没有它不行，实验家没有它就更不行。于是我们质疑这些建筑是否真的很坚固，是否一阵风就能把它们吹倒。以这种方式进行怀疑仍然是肤浅的。怀疑一切或相信一切是两种同样省事的解决方案：两者都让我们免于思考。

　　我们必须认真考察假设的作用，而不是立即予以谴责。然后我们将认识到，这种作用不仅是必要的，而且在大多数情况下也是正当的。我们还会看到,存在多种假设:其中一些假设是可验证的,一旦被实验确证,就成了富有成效的真理;另一些假设不会使我们误入歧途,可以帮助我们集中思想;最后,还有一些假设只是徒有其表,相当于伪装的定义或约定,它们主要见于数学及其相关科学。事实上,这些科学的严格性正是来自这些约定,后者乃是我们的心智在这个领域畅通无阻地自由活动的产物。这里,我们的心智之所以能做出肯定,是因为它依法令来统治。但我们要清楚,这些法令虽然适用于我们的科学,没有它们就不可能有科学,但并不适用于自然。那么,这些法令是任意的吗?不,否则它们将是徒劳无益的。经验允许我们自由选择,但又通过帮助我们识别最有用的路径来指导我们。因此,我们的法令就像出自一位专制但明智的君主,他会向国务委员会咨询再颁布法令。

　　某些基本科学原理的这种自由约定性让一些人感到震惊。他们试图进行过分推广,同时又忘了自由并非任意。在此过程中,他们达到了我们所谓的**唯名论**,怀疑科学家是否被自己的定义所愚弄,怀疑科学家自认为正在发现的世界是否仅仅源于自己的一时兴致和突发奇想。[①]在这种情况下,科学将是确定的,但却没有意义。如果是这样,科学将会软弱无力;然而,我们每天都能目睹科学在起作用,

---

① 参见 Le Roy, "Science et philosophie." (*Revue de métaphysique et de morale*, 1901)。[Le Roy 的文章有两部分: "Science et philosophie," *Revue de métaphysique et de morale* 7 (1899): 503–562 和 "Science and philosophie (suite et fin)," *Revue de métaphysique et de morale* 8 (1900): 37–72。庞加莱可能混淆了这篇文章和 Le Roy 在 1901 年发表的两部分文章: "Sur quelques objections adressées à la nouvelle philosophie," *Revue de métaphysique et de morale* 9 (1901): 292–327 和 "Sur quelques objections adressées à la nouvelle philosophie (suite et fin)," *Revue de métaphysique et de morale* 9 (1901): 407–432。—— 英译者]

除非科学教给了我们某种关于实在的东西，否则这是不可能的。不过，与天真的教条主义者的观点相反，科学所把握的并非事物本身，而只是事物之间的关系。除了这些关系，并无可以认识的实在。

这就是我们将要得出的结论，但要达到这一点，我们必须先来考察从算术和几何学到力学和实验物理学的一系列科学。

数学推理的本性是什么？它果真像通常认为的那样是演绎的吗？更深入的分析表明，根本不是这回事，数学推理在某种程度上带有归纳推理的性质，正因如此才是富有成效的。不过，它仍然保持着绝对严格性，这是我们必须首先表明的。

在更好地认识了研究者掌握的一项数学工具之后，我们需要分析另一个基本概念，即数学量。我们是在自然中发现了它，还是将它引入了自然？如果是后一种情况，我们难道没有可能使每一个事物都失真吗？必须承认，我们原始的感觉材料与被数学家称为数学量的这个极其复杂的概念之间存在着差异。我们希望容纳一切的这个框架虽然是我们建造的，但这种建造并非随意。可以说，我们是依照尺寸来建造它的，因此我们才能将所有事实都纳入其中，而不影响事实的本质。

空间是我们强加给世界的另一个框架。几何学的第一原理来自哪里？是逻辑迫使我们接受它们的吗？通过创建非欧几何学，罗巴切夫斯基（Lobachevskii）已经表明并非如此。空间是由我们的感官向我们揭示的吗？同样不是，因为我们的感官能向我们呈现的空间与几何学家的空间截然不同。几何学来源于经验吗？深入的讨论将会表明并非如此。因此我们可以断言，几何学的第一原理仅仅是约定。然而，这些约定并非随意，如果移到另一个世界（我称之

为非欧世界 ①，并试图加以想象），我们将被迫采用不同的约定。

在力学中，我们也会得出类似的结论。我们将会看到，这门科学的原理虽然更直接地依赖于经验，但仍然带有几何学公设的约定特征。到目前为止，唯名论占上风，但我们现在来谈物理科学本身，那里情况发生了变化。我们遇到了一种不同的假设，其卓有成效是有目共睹的。毫无疑问，这些理论初看起来似乎很脆弱，科学史也表明它们是多么短暂。但它们并未完全消失，各自留下了一些东西。我们必须设法解决的正是这些东西，因为只有在那里才有真正的实在。

物理科学的方法依赖于归纳，因此，当一种现象初次发生的情况重现时，我们预期这种现象会重复出现。如果**所有**这些情况能够同时重现，那就可以毫无顾忌地应用这一原理，但这永远也不会发生，其中总有一些情况会缺少。我们绝对确信它们不重要吗？当然不是！虽然这并非没有可能，但永远也不会完全确定，由此可见，概率概念在物理科学中起着多么重要的作用。因此，概率演算并不仅仅是纸牌戏玩家的消遣或指导。我们必须努力深入探究其原理。在这个问题上，我只能给出很不完善的结论，因为使我们猜测某个事件发生之可能性的模糊直觉太难分析了。

研究了物理学家的工作条件之后，我认为有必要展示一下工作中的物理学家。为此，我举了光学史和电学史中的几个例子。我们将会看到，菲涅耳（Fresnel）和麦克斯韦的想法源自何处，安培等电动力学创始人作了哪些无意识的假设。

---

① 　虽然庞加莱使用了"非欧几何学"这个泛称，但他在后面那一节中实际上只讨论了常曲率的双曲几何学。——英译者

第一部分

数 与 量

第一章　数学推理的本性

I

数学科学的可能性本身似乎是一个无法解决的矛盾。如果这门科学只在表面上是演绎的，它那无人敢去怀疑的完美的严格性是从哪里获得的呢？相反，如果它所提出的所有命题都能依照形式逻辑的规则相互导出，为什么数学不能归结为一种巨大的同义反复？三段论不能带来什么本质上新的东西，倘若一切事物都源自同一律，那么应该也可以将一切事物都归结为同一律。那么，我们是否要承认，卷帙浩繁的书籍中所有那些定理的陈述仅仅是在用迂回的方式来说 A 是 A？

诚然，我们可以回到公理，它们是所有论证的源头。如果我们认为公理不能归结为矛盾律，并且拒绝将其视为不可能有助于数学必然性的实验事实，那么我们仍然可以选择将其归于先验综合判断。这并没有解决困难，而只是给它起了个名字。即使综合判断的本性对我们来说不再是个谜，矛盾也不会消失，而只会后退。三段论推理仍然无法为所提供的材料添加任何东西。这些材料可以归结为少数几条公理，结论中不会找到任何其他东西。除非在证明中使用新的公理，否则任何定理都不会是新的。推理只能为我们提供从直接的直观中借用的显而易见的真理，使定理仅仅成为一个不劳而获的居间者。如果是这样，我们难道不应追问，整个三段论工具是否只是为了掩盖我们所借用的东西？

如果我们翻开任何一本数学书，矛盾会更加突出。在每一页上，作者都可能会宣布，他打算推广某个已知的命题。那么，数学方法是从特殊到一般吗？如果是这样，又如何能称之为演绎的呢？

最后，如果数的科学是纯粹分析的，或者能以分析的方式由少数几个综合判断产生出来，那么一个足够强大的心智似乎一眼就能觉察到其所有真理。我们甚至可以希望有朝一日能够发明一种相当简单的语言，将这些真理直接表达给智力正常的人。

如果我们拒绝承认这些推论，那就必须承认，数学推理本身是一种创造性的力量，因此，它与三段论不同。事实上，这种差异必定很深刻。例如，我们频繁地使用一个规则，根据这一规则，对两个相等的数进行一次相同的运算会得出相同的结果，不会找到解决这个奥秘的钥匙。所有这些推理模式，不论严格来说是否可以归结为三段论，都保留着分析的性质，因此是无能为力的。

II

这个论点由来已久。莱布尼茨已经在试图证明 2 加 2 等于 4。让我们简要考察一下他的证明。假设已经定义了数 1 以及运算 $x+1$，即把单位 1 加到给定的数 x 上。这些定义无论是什么，在随后的推理中都不会起作用。然后，我用等式

（1）$1+1=2$；（2）$2+1=3$；（3）$3+1=4$

来定义数 2、3 和 4。同样，我用以下关系

（4）$x+2=(x+1)+1$

来定义运算 $x+2$。

给定这些之后，我们有：

$2+2=(2+1)+1$　　（定义 4）

$(2+1)+1=3+1$　　（定义 2）

$3+1=4$　　（定义 3）

因此，

$2+2=4$　　证毕。

不可否认，这种推理纯粹是分析性的，但如果问任何一位数学家，回答都会是："严格说来，这并不是一个证明，而是一个验证。"我们仅限于将两个纯粹约定的定义结合起来，并确定它们是同一的，但我们并未学到任何新东西。验证之所以不同于真正的证明，恰恰因为它纯粹是分析性的，而且没有成效。之所以没有成效，是因为结论不过是将前提翻译成另一种语言罢了。相反，真正的证明是有成效的，因为在某种意义上，结论比前提更一般。因此，等式 $2+2=4$ 只能被验证，因为它是特殊的而非一般的。任何特定的数学陈述都可以通过这种方式进行验证。然而，如果数学可以归结为一系列这样的验证，那它就不是一门科学。同样，一个棋手也不会通过赢得一场比赛来创立一门科学。科学必然是一般的。我们甚至可以说，精确科学的目标就在于让我们免去这些直接的验证。

III

接下来，让我们看看几何学家的工作，以了解他们的方法。这项任务并非没有困难。仅仅随意翻开一本书并分析其中一个证明，这是不够的。我们必须先将几何学排除在外，因为这其中很复杂，涉及与公设的作用以及空间概念的本质和起源有关的困难问题。出于类似的理由，我们也不能使用无穷小分析。我们必须寻求仍然保持纯粹的数学思想，即到算术中去寻求。我们仍然需要做出选择。在数论的更高级部分，原始数学概念已经得到如此深刻的详细阐释，以至于很难对其进行分析。因此，只有在算术的开端，我们才能期望找到我们所寻求的解释。然而，恰恰在证明最基本的定理时，经典论著的作者们表现出的精确性和严格性最少。我们不应责备他们，因为他们别无选择。初学者并没有为真正的数学严格性做好准备；他们会认为这只是徒劳而乏味的细枝末节。过早地使他们变得更加严格是浪费时间。他们必须沿着科学创始人缓慢走过的道路不落一步地快速重行。

为了习惯于这种对所有优秀的思想者来说似乎都是理所当然的完美的严格性，为什么要有这么长时间的准备呢？这是一个值得思考的逻辑和心理的问题，但我们不会对此进行思考，它并非我们的主题。我想从中得到的是，为了达到我们的目标，我们必须重新证明最基本的定理，赋予它们一种能让经验丰富的几何学家感到满意的形式，而不是让它们保持那种不给初学者造成负担的粗糙形式。

加法的定义

假设已经定义了运算 x+1，即把数 1 加到给定的数 x 上。此外，这个定义无论是什么，都不会在随后的推理中发挥任何作用。我们现在要定义运算 x+a，即把数 a 加到给定的数 x 上。假设我们已经定义了运算 x+(a−1)。运算 x+a 将由以下等式来定义：

（1）　x+a=[x+(a−1)]+1。

因此，一旦我们确定了 x+(a−1) 是什么，就会知道 x+a 是什么。正如我开始时假设的那样，只要知道了 x−1 是什么，我们就能"通过数学归纳"[①] 来相继定义运算 x+2，x+3，等等。

这个定义值得注意一下。它有一种特殊的性质，已经将它与纯粹的逻辑定义区分开来。等式（1）实际上包含着无限数量的不同定义，每一个定义只有在前一定义已知时才有意义。

加法的性质

结合性

我说

a+(b+c)=(a+b)+c。

事实上，该定理对 c=1 为真。在这种情况下，它写为：

a+(b+1)=(a+b)+1。

除了符号，它不过是我刚才用来定义加法的等式（1）罢了。假设该

---

① 庞加莱使用的术语是"通过递归"（par recurrence），我们这里则使用更为现代的表述"数学归纳"。——英译者

定理对 c=γ 为真, 那么我说, 它对 c=γ+1 也为真。事实上, 给定

$$(a+b)+\gamma=a+(b+\gamma),$$

则可以导出:

$$[(a+b)+\gamma]+1=[a+(b+\gamma)]+1,$$

或者根据定义(1):

$$(a+b)+(\gamma+1)=a+(b+\gamma+1)=a+[b+(\gamma+1)],$$

这表明, 通过一系列纯粹分析的演绎, 该定理对 γ+1 为真。由于它对 c=1 为真, 因此我们可以看到, 它对 c=2, c=3 等也相继为真。

交换性

1° 我说

a+1=1+a。

该定理对 a=1 显然为真。使用纯粹分析的推理, 我们可以验证, 如果它对 a=γ 为真, 则它对 a=γ+1 也为真。由于它对 a=1 为真, 所以它对 a=2, a=3 等也为真, 这就是我们说通过数学归纳来证明给定命题时的意思。

2° 我说

a+b=b+a。

该定理刚刚在 b=1 的情况下被证明。我们可以通过分析的方式来验证, 如果它对 b=β 为真, 则它对 b=β+1 也为真。因此, 该命题是通过数学归纳证明的。

乘法的定义

我们用以下等式定义乘法:

（1）　a×1=a。

（2）　a×b=[a×(b−1)]+a。

和等式（1）一样，等式（2）也包含着无限数量的定义。定义 a×1 之后，我们就能相继定义 a×2，a×3，等等。

乘法的性质

分配性

我说

(a+b)×c=(a×c)+(b×c)。

我们通过分析的方式验证了该等式对 c=1 为真，若该定理对 c=γ 为真，则它对 c=γ+1 也为真。同样，该命题是通过数学归纳证明的。

交换性

1°　我说

a×1=1×a。

对于 a=1，该定理是显然的。我们通过分析的方式验证了，若该定理对 a=α 为真，则它对 a=α+1 也为真。

2°　我说

a×b=b×a。

该定理已经在 b=1 的情况下被证明。我们可以通过分析的方式来验证，如果它对 b=β 为真，则它对 b=β+1 也为真。

IV

这里，我将停止这一系列单调的推理。然而，这种单调性本身更好地揭示了我们在每一步都会遇到的齐一过程。这个过程就是通过数学归纳来证明。首先，我们针对 n=1 的情形确立一个定理。接着，我们表明若它对 n-1 为真，则它对 n 也为真，由此我们得出结论，它对所有自然数都为真。我们已经看到如何用它来证明加法和乘法规则，也就是代数规则。代数是一种变换工具，与简单的三段论相比，它适用于更多不同的组合，但它仍然是一种纯粹的分析工具，无法教给我们任何新的东西。如果数学没有其他东西，则它的发展将立即陷入停滞。然而，它再次利用了数学归纳过程，并能继续前进。如果仔细观察，我们会发现每一步都有这种推理模式，无论是在我们刚才给出的简单形式下，还是在有所修改的形式下。因此，它确实是最卓越的数学推理，我们必须更仔细地考察它。

V

数学归纳的本质特征是它包含了无限数量的三段论，可以说被浓缩成一个独特的公式。为了更清楚地看到这一点，我将逐个陈述这些按"级联"（cascade）排列的三段论。当然，它们是假言三段论。

该定理对数 1 为真。

若它对 1 为真，则它对 2 为真。

因此，它对 2 为真。

若它对 2 为真，则它对 3 为真。

因此，它对 3 为真，以此类推。

我们看到，每一个三段论的结论都是下一个三段论的小前提。此外，我们所有三段论的大前提都可以归结为一个公式：若该定理对 n-1 为真，则它对 n 为真。于是我们看到，在数学归纳中，我们只陈述了第一个三段论的小前提，以及包含所有大前提作为特例的一般公式。这样一来，这一连串无休止的三段论就被归结为几行字。

现在很容易理解，为什么一个定理的任何特定推论，正如我前面解释的，可以通过纯粹的分析程序来验证。如果不是表明我们的定理对所有数都为真，而只想表明它（比如）对数 6 为真，那么建立我们级联的前五个三段论就够了。如果我们想证明该定理对数 10 为真，则需要九个三段论。数越大，需要的三段论就越多。但无论这个数有多大，我们都能成功达到它，使分析验证成为可能。然而，无论我们以这种方式走多远，都永远不会得出适用于所有数的一般定理，而只有它才能成为科学的目标。为此，我们需要无限数量的三段论，需要跨越一个深渊，而凭借仅仅局限于形式逻辑的分析家的耐心，是永远无法跨越这个深渊的。

起初我曾问，为什么我们永远无法想象一个足够强大的心智能够一目了然地觉察到整个数学真理。现在答案很简单。一个棋手可以预先计划四五步棋，但无论我们认为他有多么出色，他只能准备有限的几步棋。如果他将自己的心智能力应用于算术，他将无法凭借单一的直接直觉把握算术的一般真理。即使是为了得出最无关紧要的定理，他也不能不借助于数学归纳，因为这种工具能使我们超越有限，达于无限。数学归纳总是有用的，因为它能使我们跳过任意多的步骤，从而省去冗长、乏味、单调的验证，否则这些验证很快就会变得不可行。然而，只要我们以一般定理为目标，数学归纳就会变得不可或缺，通过分析验证，我们可以无限接近一般定理，但永远达不到它。

在算术这个领域，我们也许认为我们离无穷小分析还很远，但正如我们已经看到的，数学无限的观念已经发挥了决定性的作用，没有它就不会有科学，因为没有一般的东西。

VI

数学归纳所依据的判断可以用其他方式来表述。例如我们可以说，在不同自然数的无限集合中，总有一个自然数小于所有其他自然数。我们很容易从一个陈述到另一个陈述，从而产生一种幻觉，以为已经证明了数学归纳的合法性。然而，我们总会停滞不前，总会达到一个无法证明的公理，它最终不过是一个翻译成另一种语言的有待证明的命题罢了。因此，我们无法避开这样一个结论：数学归纳的规则不能归结为矛盾律。我们也不能从经验中得出这条规则。例如，经验可以告诉我们，这条规则对前十个或前一百个数为真。经验无法企及无限的数列，而只能企及该数列的一部分，这个部分不论长短，总是有限的。现在，如果这是唯一的问题，那么矛盾律就够了。它将总能让我们展开任意多个三段论。只有当一个公式中必须包含无限数量的三段论时，只有在面对无限时，矛盾律才会失效。也正是在这一点上，经验变得无能为力。这条规则是真正的先验综合判断，无论是分析证明还是经验都无法得到它。此外，我们也不会想到在它之中看到一种约定，就像一些几何学公设那样。

为什么这个判断让我们觉得如此明显？它不过是对一种心智能力的肯定罢了，心智知道自己能够设想某个行为一有可能就会无限重复。心智对于这种能力有直接的直觉，只把经验当作运用这种能力从而意识到它的机会。

但有人会说，如果原始经验不能证明数学归纳的合法性，受归纳辅助的经验也是如此吗？我们连续看到一个定理对数 1、数 2、数 3 等为真。我们说，该定律是显然的，同样道理，任何基于大量但有限的观察的物理定律也是显然的。

我们必定会意识到，这里与通常的归纳过程有显著的相似之处。但仍然存在着根本差异。应用于物理科学时，归纳总是不确定的，因为它依赖于对宇宙一般秩序的信念，而这种秩序在我们之外。相反，数学归纳即递归证明却会不可避免地显得必然，因为它不过是对心智本身的一种性质的肯定罢了。

VII

正如我之前所说，数学家们总是努力**推广**他们得到的命题。不必另找例子，前已证明等式：

$$a+1=1+a,$$

而后用它建立了等式：

$$a+b=b+a。$$

该等式显然更为一般。因此，与其他科学一样，数学也可以从特殊
到一般。这个事实在本书开头会让我们感到困惑，但对我们来说已
经不再神秘，因为我们注意到了数学归纳证明和日常归纳证明之间
的相似之处。毫无疑问，数学归纳和物理归纳推理有着不同的基
础，但其过程是平行的；它们都朝着从特殊到一般的同一方向前进。

　　让我们更仔细地研究一下这个问题。要证明等式：

　　（1）a+2=2+a，

我们只需应用规则 a+1=1+a 两次，然后写下：

　　（2）a+2=a+1+1=1+a+1=1+1+a=2+a。

　　等式（2）虽然是从等式（1）中以纯粹分析的方式演绎出来的，
但并不是等式（1）的一个特例，而是某种不同的东西。我们甚至不
能说，在数学推理的真正分析和演绎的部分，我们是在日常意义上
从一般走向特殊。与等式（1）的两边相比，等式（2）的两边只不过
是更为复杂的组合罢了，分析仅仅用来把进入这些组合的要素分开
并阐明它们的关系。

　　于是，数学家是"通过构造"行事的，他们构造出越来越复杂
的要素组合。接下来，通过将这些组合（可以说是这些集合）分解
为它们的原始要素，他们觉察到这些要素之间的关系，并由此推导
出集合本身的关系。这是一种纯粹分析的方法，但并不是从一般到
特殊的方法，因为显然不能认为集合比其元素更特殊。

　　这一"构造"过程受到了极大的重视，这是理所当然的，有些
人甚至将其视为精确科学进步的充分必要条件。必要，这毫无疑
问，但充分？非也。为了让一个构造有用，而不让心智努力付之东
流，为了使之成为希望爬得更高的人的垫脚石，构造必须首先具有

某种统一性，这种统一性将在其中揭示某种比其要素的并置更多的东西。或者更确切地说，考虑构造而不是考虑其要素本身必定有某种好处。

这种好处是什么？例如，为什么要讨论总可以分解为三角形的多边形，而不是讨论基本三角形呢？那是因为存在着我们可以证明对于任意边数的多边形都成立的属性，然后我们可以将其直接应用于任何特定的多边形。然而在大多数情况下，只有通过旷日持久的努力，才能通过直接研究基本三角形的关系来重新获得这些属性。知道了一般定理，便可免去这些努力。因此，一个构造只有能与构成一个属的种的其他类似构造并置时，才会变得有趣。四边形是某种超越于两个三角形并置的东西，因为它属于多边形这个属。我们必须仍然能够证明这个属的属性，而不必分别阐述每一个种的属性。为此，我们必须拾级而上，从特殊回到一般。"通过构造"的分析过程并不要求我们向下探究，而是让我们处于同一水平。我们只能通过数学归纳来上升，因为只有数学归纳才能教给我们新的东西。如果不借助这种在某些方面与物理归纳不同但同样富有成效的归纳，构造将无法创立科学。

最后要注意，只有当给定的操作可以无限重复时，这种归纳才是可能的。这就是为什么国际象棋理论永远不会成为一门科学，因为某一局比赛的不同走法彼此并不相似。

第二章　数学量和经验

若想知道数学家所说的连续统是什么意思，我们不应求助于几何学。几何学家总是或多或少地尝试再现所研究的图形，但这些再现只是工具。在几何学中，使用广延就像使用粉笔一样。因此我们必须小心，不要过分重视那些往往并不比粉笔的白色更重要的非本质属性。纯粹的分析家不必担心这个陷阱。清除了数学科学中的所有无关要素之后，分析家可以回答我们的问题："数学家所争论的这个连续统到底是什么？"在这些人当中，许多知道如何反思自己技艺的人已经这样做了，比如塔内里（Tannery）在他的《单变量函数论导论》中就是这样做的。[①]

让我们从整数数列开始。在两个连续步骤之间，让我们插入一个或多个中间步骤，再在这些新步骤之间插入其他步骤，依此类推。于是，我们将有无限数量的项，即所谓的分数、有理数或可公度数。但这还不够。在这些数量已经无限的项之间，还必须插入被称为无理数或不可公度数的其他项。

在继续之前，让我们作一个初步评论。这样构想的连续统现

---

① Jules Tannery, *Introduction à la théorie des fonctions d'une variable* (Paris: A. Hermann, 1886).

在只不过是按一定顺序排列的个体的集合；它在数量上固然是无限的，但却彼此**分离**。这并非通常的构想，即连续统的元素之间应该有某种密切的联系，以形成一个整体，其中不是点先于线而存在，而是线先于点而存在。根据那句著名的公式——"连续统是多样性中的统一性"，只有多样性仍然存在，统一性已经消失。尽管如此，分析家们仍然有理由这样定义他们的连续统，因为自从他们开始以自己的严格性为荣，他们就一直在研究那种连续统。不过，我们只需警惕，真正的数学连续统与物理学家的或形而上学家的连续统完全不同。

还可能有人说，满足于这个定义的数学家被词语愚弄了，必须精确地说出这些中间步骤是什么，解释它们是如何插入的，并且证明这样做是可能的。但那将是一个错误。介入分析家推理[1]的这些步骤的唯一属性就是先于或后于某某步骤；因此，只有这种属性应当包含在定义之中。因此，我们无需关心中间项是如何插入的。此外，没有人会怀疑这种操作的可能性，除非他们忘了，在几何学家的语言中，"可能"仅仅意味着没有矛盾。然而，我们的定义还不完备，在这段冗长的题外话之后，我们现在回到它。

不可公度数的定义

柏林学派的数学家，特别是克罗内克（Kronecker），一直致力

---

① 　以及包含在我们将在稍后讨论的旨在定义加法的特殊约定中的那些推理。

于构造分数和无理数这个连续的阶（continuous scale），而不使用整数以外的任何东西。从这个角度看，数学连续统将是一种纯粹的心智创造，经验在其中不起作用。由于有理数概念对他们来说似乎不成问题，所以他们主要致力于定义不可公度数。然而，在给出他们的定义之前，我要先做一个评论，以使那些不太熟悉几何学家习惯的读者不致感到惊讶。

数学家研究的不是对象，而是对象之间的关系。只要关系不变，一些对象是否被其他对象替代，对他们来说是无关紧要的。他们并不关心内容，而只关心形式。不铭记这一点，我们就无法理解戴德金（Dedekind）为何会用"不可公度数"（incommensurable number）来称呼一个简单的符号，它与我们对量的看法有很大不同，量应当是可度量的、几乎有形的。

戴德金的定义如下："有无数种方法可以将可公度数分成两类，条件是第一类的任何数都大于第二类的任何数。在第一类数中，可能碰巧有一个数小于所有其他数。例如，如果我们把 2 和所有大于 2 的数都归入第一类，而把所有小于 2 的数都归入第二类，那么显然，2 将是第一类的所有数中最小的。因此，可以选择数 2 作为这种分类的符号。相反，在第二类数中，可能碰巧有一个数大于所有其他数。例如，如果把所有大于 2 的数都归入第一类，而把所有小于 2 的数和 2 本身归入第二类，情况就是如此。这里同样可以选择数 2 作为这种分类的符号。"

但也有可能，在第一类中找不到一个小于所有其他数的数，在第二类中也找不到一个大于所有其他数的数。例如，假设我们把平方大于 2 的所有可公度数都归入第一类，把平方小于 2 的所有数都归入第二类。我们知道，没有一个可公度数的平方正好等于 2。显然，在第一类中没有任何数会小于所有其他数，因为无论一个数的平方多么接近 2，总能找到一个其平方更接近 2 的可公度数。根据戴德金的观点，不可公度数 $\sqrt{2}$ 不过是可公度数的这种特殊分类方式的符号罢了，因此，每一种分类方式都对应于一个可公度或不可公度的数作为其符号。

然而，满足于这一点会忽视这些符号的起源。我们为何会将某种具体的存在性赋予它们，这仍然需要解释。此外，这个困难不是从分数本身开始的吗？若非已经事先知道那种我们认为无限可分的物质，即一个连续统，我们会对这些数有概念吗？

物理连续统

于是，我们开始怀疑数学连续统的概念是否不仅仅来自经验。如果是这样，那么原始的经验材料，即我们的感知，将是可测量的。鉴于最近已经有人尝试测量这些感知，甚至已经提出了所谓的费希纳（Fechner）定律，表明感知与刺激的对数成正比，情况似乎的确如此。

然而，如果认真研究我们试图建立这一定律的实验，就会得出相反的结论。比如可以观察到，10 克重的 A 和 11 克重的 B 产生相同的感觉，重物 B 和 12 克重的 C 无法区分，但重物 A 和重物 C 却很容易区分。于是，原始经验结果可以用以下关系来表示：

A=B，B=C，A<C，

这可被视为对物理连续统的表达。

　　这里出现了一种无法容忍的与矛盾律的不一致，迫使我们发明数学连续统来缓解它。因此，我们必须得出结论，这一概念完全是由心智创造的，即使经验提供了机会。我们不能相信等于第三个量的两个量彼此不相等，因此我们假设 A 与 B 不同，B 与 C 不同，但我们感官的不完善使我们无法区分它们。

创造数学连续统

第一阶段

　　到目前为止，我们也许可以通过在 A 和 B 之间插入少量离散项来解释这些事实。如果我们使用某种仪器比如显微镜来弥补我们感官的缺陷，那么会发生什么？以前无法区分的项，比如上面的 A 和 B，现在看起来截然不同。然而，一个与 A 或 B 都无法区分的新的项 D，可以插入到现在截然不同的 A 和 B 之间。虽然我们使用了最复杂的方法，但我们的原始经验材料总会呈现物理连续统的特征及其内在矛盾。只有在之前区分的项之间持续插入新的项，我们才能避免这种情况，而且这种操作必须无限进行下去。只有能够设想一种足够强大的仪器，将物理连续统分解为离散的要素，就像望远镜将银河分解为众星一样，我们才能设想终止它。但我们无法想象这一点，因为我们总是用感官来使用仪器。我们是用眼睛来观察显微镜放大的图像的，因此，该图像必然总是保有视觉特征，从而保有物理连续统的那些特征。

　　没有什么东西能够区分直接观察到的长度和显微镜所加倍长度的一半。整体与部分是同质的，这是一个新的矛盾，或者说，如果项数被认为是有限的，那么就存在一个新的矛盾。显然，项数少于整体的部分不可能与整体相似。只要认为项数是无限的，这个矛盾就会消失。例如，没有什么能够阻止我们认为整数集与偶数集是等势的，尽管偶数只是整数的一部分，事实上，每一个整数都有一个对应的偶数，是该整数的二倍。然而，心智创造这个由无限数量的项所组成的连续统概念，并不仅仅是为了避免经验材料中的这个矛盾。这里一切事物的发生都如同整数数列的情况。我们能够理解一个单元可以添加到一个单元集合中。正是由于经验，我们才有机会运用这种能力，并且意识到了这一点。然后，我们立即感到自己的能力是无限的，我们可以无限地计数，即使我们只需要对有限数量的对象进行计数。同样，只要我们在数列中两个连续的项之间插入中间项，我们就会感到这种操作可以无限继续下去，可以说没有内在的理由将其停止。

为简洁起见，我把按照与可公度数之阶相同的定律而形成的项的任何集合称为一阶数学连续统。然后，如果我们按照形成不可公度数的定律插入新的步骤，则将得到我们所谓的二阶连续统。

第二阶段

我们还只是迈出了第一步。解释了一阶连续统的起源之后，我们现在要看看为什么这仍然不够，为什么必须发明不可公度数。如果我们想象一条线，则它只能具有物理连续统的特征，也就是说，我们只能想象它具有一定的宽度。因此，两条线在我们看来是两条窄带，如果我们满足于这种粗糙的图像，那么若这两条线相交，则它们将有一个共同的部分。然而，纯粹几何学家做了进一步努力：在不完全放弃感官帮助的情况下，几何学家试图获得没有宽度的线和没有广延的点的概念。只有将直线视为一条越来越窄的带所趋向的极限，将点视为一个越来越小的面积所趋向的极限，才能做到这一点。于是，无论我们的两条带有多窄，它们总会有一个共同的面积，它们变得越窄，这个面积就越小，其极限就是纯粹几何学家所说的点。因此我们说，两条相交的线有一个共同点，这是一个看似直观的事实，但如果线被视为一阶连续统，也就是说，如果几何学家画的线上只能找到坐标为有理数的点，则会产生矛盾。例如，只要我们假设存在直线和圆，矛盾就会变得明显。显然，如果只将具有可公度坐标的点视为实在的，那么正方形中的内切圆与该正方形的对角线将不会相交，因为交点的坐标是不可公度的。这也仍然不够，因为那时我们只有某些不可公度数，而不是所有不可公度数。[①]

　　然而，让我们想象一条直线被分成两条半直线（demi-droites），每一条半直线在我们的脑海中都会呈现为具有某一宽度的一条带。由于它们之间必须没有距离，所以这些带会重叠在一起。在我们看来，共同部分就像一个点，当我们试图想象我们的带变得越来越窄时，这个点总是持续存在，因此我们将承认一个直观的事实，即当一条直线被分成两条半直线时，其共同边界是一个点。这里我们承认了克罗内克的构想，即把一个不可公度数看成两个有理数类的共同边界。这就是二阶连续统的起源，而二阶连续统就是数学连续统本身。

---

　　① 这里似乎缺少了一些东西，因为我们不清楚添加了哪些不可公度数。

总结

总之，心智具有创造符号的能力，正是以这种方式，它创造了数学连续统，后者只是一个特殊的符号系统。对心智能力的限制仅仅是必须避免所有矛盾，但只有当经验为这样做提供了某种理由时，心智才会利用这种能力。就我们关心的情况而言，这种理由就是我们从感官的原始材料中获得的物理连续统的概念。然而，这个概念导致了一系列矛盾，我们必须一一避免。于是，我们不得不想象一个更加复杂的符号系统。能让我们满意的符号系统不仅不会有内在矛盾，就像我们已经走过的每一步的情形那样，而且也不会与从较为复杂的经验概念中获得的许多所谓的直觉命题相矛盾。

可测量的量

到目前为止，我们所研究的量都不是**可测量的**。我们可以说出其中某一个量是否大于另一个量，但却说不出是大两倍还是大三倍。此前我只考虑了各个项的排列顺序。然而，这对于大多数应用来说是不够的。我们必须学会如何比较任意两项的间隔。只有在这种条件下，连续统才能成为可以应用算术运算的可测量的量。

这只有借助于一个新的特殊**约定**才能做到。我们**同意规定**，在这种情况下，A 项与 B 项的间隔等于 C 项与 D 项的间隔。例如在本书开头，我们从整数数列开始，假设在两个连续步骤之间插入了 n 个中间步骤。因此根据约定，这些新步骤将被认为是等距的。

这样一来，我们就有了一种方法来定义两个量的加法，因为如果间隔 AB 根据定义等于间隔 CD，那么间隔 AD 根据定义将等于间隔 AB 与间隔 AC 之和。这个定义在很大程度上是任意的，但也并非完全如此。它要服从某些条件，例如服从加法的交换律和结合律。但只要我们选择的定义满足这些定律，选择是无关紧要的，没有必要使其更加精确。

几点评论

现在，我们可以讨论几个重要的问题。

1° 创造数学连续统会耗尽心智的创造力吗？正如迪布瓦-雷蒙（du Bois-Reymond）的工作显著表明的那样，并非如此。我们知道数学家区分了不同阶的无穷小，而二阶无穷小不仅在绝对意义上无穷小，甚至相对于一阶无穷小也是无穷小。不难设想分数阶甚至无理阶的无穷小，于是我们再次遇到了前几页讨论的数学连续统的阶。

此外，有些无穷小相对于一阶无穷小是无穷小，但相对于 $1+\varepsilon$ 阶无穷小则是无穷大，不论 ε 有多小。这里再次将新的项插入我们的数列中，如果容许我回到我之前使用的语言（尽管不常用，但还是很有用的），那么我想说，我们由此创造了一种三阶连续统。走得更远并不难，但这种心智练习是毫无意义的，因为我们只能想象不可能应用的符号，没有人想这样做。通过思考各阶无穷小而得出的三阶连续统本身没有什么用处，不可能得到完全支持，几何学家只是把它看成一种稀奇事物罢了。只有当经验需要时，心智才会运用其创造力。

2° 一旦有了数学连续统的概念，我们能避开与产生它的那些矛盾类似的矛盾吗？不，以下就是一个例子。一个人必须非常敏锐，才不会理所当然地认为每条曲线都有切线。事实上，当我们把这样一条曲线和一条直线想象成两条窄带时，总有可能将它们排列成拥有一个共同部分，尽管它永不相交。现在想象这两条带的宽度无限减小。这个共同部分总能继续存在，在极限处，可以说这两条线将有一个共同点而不相交，也就是说，它们将相切。以这种方式思考的几何学家，无论是否自觉，都只是在做我们前面做过的事情，即证明两条交线有一个共同点。他的直觉也许看似合理，但会产生误导。若把曲线定义为二阶分析连续统，则我们可以证明一些曲线没有切线。毫无疑问，与我们上述讨论类似的某种技巧也许能够消除这个矛盾。但由于后者只在非常罕见的情况下遇到，所以我们不必关心。与其试图调和直觉与分析，不如牺牲掉两者之一更简单，既然分析必定是无误的，那么应当归咎于直觉。

多维物理连续统

前面我们已经讨论了从我们直接的感觉材料中（或者如果你愿意，也可以说从费希纳实验的原始结论中）产生的物理连续统。我已经表明，这些结论可以总结成以下矛盾的公式：

A=B，B=C，A<C。

现在让我们看看如何对这个概念加以推广，以及如何从中产生多维连续统的概念。考虑任意两组感觉。我们要么能够区分它们，要么不能，就像在费希纳的实验中，10 克重的物体可以与 12 克重的物体区分开来，但不能与 11 克重的物体区分开来。构造多维连续统不需要任何其他东西。

　　让我们把这些组感觉中的一组称为**因子**。它有点像数学家所说的**点**，但并不完全相同。我们不能说我们的因子没有广延，因为我们不知道如何将它与相邻因子区分开来，因此它被一种雾所包围。如果可以使用一个天文学类比，那么我们的"因子"就像星云，而数学点则像恒星。

　　做出这些假定之后，如果我们能够通过一连串相互关联的连续因子，从其中任何一个达到另一个，那么一个因子系统将形成一个**连续统**，没有任何因子能与前一因子区分开来。这条链之于数学家的**线**，就如同一个孤立的**因子**之于点。

　　在进一步讨论之前，我必须解释什么是**截取**。考虑一个连续统 C，从中移除一些因子，我们暂时认为这些因子不再属于这个连续统。我们将把这样移除的一组因子称为**截取**。由于这种截取，C也许会**细分**为若干不同的连续统，其余元素将不再形成唯一的连续统。在这种情况下，C 上将有两个因子，即 A 和 B，必须认为它们属于两个不同的连续统，我们将会认识到这一点，因为不可能找到一个属于 C 的连续因子**链**（第一个是 A，最后一个是 B，每一个因子都与前一因子不可区分），**除非这条链上的一个因子与截取的一个因子无法区分**。

　　与此相反，截取也许不足以将连续统 C 细分。为了对物理连续统进行分类，我们首先要查明必须作哪些截取才能细分它们。如果我们可以通过一个等价于有限数量因子的截取来细分一个物理连续统 C，使所有因子都能彼此区分（因此既形不成一个连续统，也形不成几个连续统），那么我们会说 C 是一个一**维**连续统。相反，如果 C 只能被本身是连续统的截取细分，我们会说 C 是多维的。

如果作为一维连续统的截取就够了，我们会说 C 是二维的。如果二维的截取就够了，我们会说 C 是三维的，依此类推。由于一个非常简单的事实，即两组感觉要么可以辨别，要么不可以分辨，多维连续统的概念因此得到了定义。

多维数学连续统

通过一个与本章开头讨论的过程类似的过程，可以很自然地引出 n 维数学连续统的概念。我们知道，这样一个连续统的一个点由 n 个不同量的系统来定义，我们称之为它的坐标。这些量未必总是可测量的。例如，在几何学的一个分支中，我们并不关心对这些量进行测量，而只关心比如在曲线 ABC 上，点 B 是否在点 A 和点 C 之间，至于弧 AB 的长度是等于弧 BC，还是弧 BC 的二倍，则无关紧要。这就是我们所说的拓扑学，[①] 其中包含的许多学说已经吸引了最伟大的几何学家的注意，从中导出了一系列引人注目的定理。这些定理与普通几何定理的区别在于，它们是纯粹定性的。即使图形被一个拙劣的绘图员复制，导致比例被严重扭曲，直线被曲线所替代，这些定理也仍然为真。随着测量被引入我们刚刚定义的连续统，连续统就变成了空间，几何学诞生了。我将把这一讨论留到第二部分。

---

① 庞加莱使用的并非现代术语"拓扑学"，而是"位置分析"（*analysis situs*）。他在 1895 年发表的一篇题为"位置分析"的重要文章（*Journal de l'École Polytechnique* 1 (1895): 1–121）及其补编对这门几何学分支的发展起了重要作用。——英译者

第二部分

空　　间

第三章　非欧几何学

每一个结论都假设了前提。这些前提要么是自明的，不需要证明，要么只有基于其他命题才能成立。由于我们不能为了建立前提而无穷后退，所以一切演绎科学——特别是几何学——都必须基于某些无法证明的公理。因此，所有几何学文本都从陈述这些公理开始，但这些公理之间有一个重要区分。有些公理，比如"等于同一个量的两个量本身相等"，并非几何学命题，而是分析命题。我将它们视为先验分析判断而不予考虑。

然而，我必须强调几何学所特有的其他公理。大多数文本都会明确提到其中三条：

1° 过两点只能作一条直线。

2° 两点之间直线距离最短。

3° 过一点只能作一条线与已知直线平行。

虽然一般情况下我们并不需要证明其中第二条公理，但我稍后会说明，由其他两条公理以及被我们默认的更多公理可以将它推导出来。

长期以来，人们曾试图证明第三条公理，即所谓的欧几里得公设，但最终都失败了。在这个无法实现的目标上付出的努力真是难以想象。最后，在 19 世纪初，俄国人罗巴切夫斯基和匈牙利人鲍耶（Bolyai）这两位科学家几乎同时无可辩驳地表明，这种证明是不可能的。他们使那些试图发明废除这一公设的几何学的人近乎绝迹。从那以后，法兰西科学院每年只会收到一两份新证明。

然而，对这个问题的论述并未穷尽，不久以后，黎曼（Riemann）发表了一篇题为《论几何学的基本假设》（*Ueber die Hypothesen welche der Geometrie zum Grunde liegen*）的著名论文，取得了巨大进展。这篇短文激励了我稍后会提到的大多数近期工作，其中我会引用贝尔特拉米（Beltrami）和亥姆霍兹（Helmholtz）的著作。

罗巴切夫斯基几何学

如果可以从其他公理推导出欧几里得的公设，那么当我们拒绝该公设而接受其他公理时，就会得出矛盾的推论。因此，基于这样的前提不可能建立一种融贯的几何学。然而，这正是罗巴切夫斯基所做的事情。他从一开始就假设：

过一点可作若干条线与已知直线平行。

除此之外，他保留了欧几里得的所有其他公理。由这些假设，他推导出了一系列定理，其中不可能找到矛盾。他还构造出一种几何学，其逻辑和欧几里得几何学的逻辑一样完美。当然，这些定理与我们习惯的那些定理有很大不同，开始时确实会让我们感到有些不安。

例如，三角形的内角之和总是小于两直角，而且这个和与两直角之差正比于三角形的面积。不可能构造一个与已知图形相似但尺度不同的图形。如果将一个圆周 n 等分，并且在每一个分点引切线，那么若圆的半径很小，则这 n 条切线将形成一个多边形，但若圆的半径很大，则这 n 条切线不会相交。

我们无需给出更多的例子。罗巴切夫斯基的命题与欧几里得的命题并不相关，但在逻辑上却紧密相联。

黎曼几何学

让我们设想一个世界，其中只居住着没有厚度的生物，并且假设这些"无限扁平"的动物都在同一平面上而无法离开。再假设这个世界与其他世界相距甚远，足以摆脱其他世界的影响。作这些假设时，我们不妨赋予这些生物以推理能力，并相信它们能做几何学。在这种情况下，它们肯定只会将两个维度归于空间。

现在假设这些想象中的动物是球形的，而不是扁平的，但仍然没有厚度。它们都在一个球上，无法离开。那么，它们会构造出什么几何学呢？首先很明显，它们只会将两个维度归于空间。对它们来说，直线将是球上一点到另一点的最短距离，即一个大圆的弧。简而言之，它们的几何学将是球面几何学。它们知道的一切现象都在这个球上发生，这个无可逃避的球就是它们所谓的空间。于是，它们的空间将是**无界的**，因为在球面上，一个人总能不停地前进，但它将是有限的。即使周游这个世界，也仍然不可能找到它的终点。

因此，黎曼几何学就是扩展到三维的球面几何学。[①] 为了构造

[①] 到目前为止，庞加莱只讨论了二维球面几何学。黎曼几何学通常指的是三维椭圆几何学。——英译者

它，这位德国数学家不仅必须抛弃欧几里得的公设，还必须抛弃第一条公理：**过两点只能作一条直线。**

在一个球上，过已知两点**一般**只能作一个大圆（请记住，正如我们刚才看到的，对于我们想象中的这些生物来说，大圆即为直线）。但有一个例外：若已知两点沿直径相对，则过这两点可以作无数个大圆。同样，在黎曼几何学中（至少在它的一种形式中），过两点一般只能作一条直线，但也有一些例外情况，过两点可以作无数条直线。

因此，黎曼几何学与罗巴切夫斯基几何学之间存在某种对立。例如，三角形的内角之和在欧几里得几何学中等于两直角，在罗巴切夫斯基几何学中小于两直角，而在黎曼几何学中大于两直角。

在欧几里得几何学中，过给定一点可作 1 条与给定直线平行的线，在黎曼几何学中可作 0 条，在罗巴切夫斯基几何学中可作无限条。让我们补充一下，黎曼空间是有限的，尽管在前面指出的意义上是无界的。

常曲率曲面

然而，仍然有一种可能的反对意见。罗巴切夫斯基的定理和黎曼的定理并不矛盾，但无论这两位几何学家从他们的假设中导出多少推论，他们都不得不在穷尽这些推论之前停下来，因为它们的数量是无限的。那么，如果他们把推导推得更远，谁能说他们最终不会发现一些矛盾呢？

只要把黎曼几何学限制在二维，黎曼几何学就没有这个问题。

事实上，正如我们所看到的，二维黎曼几何学与球面几何学并无区别，球面几何学只是普通几何学的一个分支，因此这里不作讨论。

通过表明二维罗巴切夫斯基几何学仅仅是普通几何学的一个分支，贝尔特拉米驳斥了对它的反对意见。其做法如下。考虑一个面上的任一图形，想象该图形是在一块贴合于这个面的有弹性且不可伸缩的布料上绘制的，使得当布料移动和变形时，图形的不同线条可以改变形状，而不会改变长度。一般来说，这种有弹性且不可伸缩的图形不离开面就无法移动，但对于某些不寻常的面，这种移动是可能的。这些面就是常曲率曲面。

如果再看一下上面的比较，并设想那些没有厚度的生物生活在其中一个曲面上，那么这些生物会认为，所有线的长度都保持恒定的图形的运动是可能的。而对于生活在变曲率曲面上的没有厚度的动物来说，这样的运动是荒谬的。

这些常曲率曲面有两种类型。第一种曲面有**正曲率**，可以变形后贴合于球上。因此，这些曲面的几何学可以归结为球面几何学，即黎曼几何学。其他曲面则有**负曲率**。贝尔特拉米表明，这些曲面的几何学正是罗巴切夫斯基的几何学。因此，黎曼和罗巴切夫斯基的二维几何学都与欧几里得几何学密切相关。

非欧几何学的解释

这样一来，我们就消除了对二维几何学的反对意见。很容易将贝尔特拉米的论证推广到三维几何学。不反对四维空间的思想者在这里不会看到困难，但他们寥寥无几，所以我宁愿以一种不同的方式来处理问题。

考虑某个平面，我称之为基本平面，并且构造一种字典，将两列中的词条一一对应进行匹配，就像在普通字典中，两种语言中具有相同含义的词条彼此对应：

空间：位于基本平面上方的空间部分。

平面：与基本平面正交的球体。

直线：与基本平面正交的圆。

球：球。

圆：圆。

角：角。

两点之间的距离：这两点以及基本平面与过这两点并与之正交的圆的交点之非调和比的对数。

等等：等等。

现在，让我们借助这本词典来翻译罗巴切夫斯基的定理，就像我们借助一本德法词典来翻译德语文本一样。**这样一来，我们将会得到普通几何学的定理。**例如，罗巴切夫斯基的定理"三角形的内角之和小于两直角"可以译为"如果一个边为圆弧的曲线三角形延长后与基本平面正交，则这个曲线三角形的内角之和将小于两直角"。于是，无论我们将罗巴切夫斯基假设的推论推得多么远，都不会陷入矛盾。事实上，如果罗巴切夫斯基的两条定理是矛盾的，那么借助我们的词典对这两条定理的翻译也将是矛盾的。然而，这些翻译是普通几何学的定理，而普通几何学没有矛盾，这是任何人都不会怀疑的。我们的确信来自何处，是否合理？这是一个我在这里无法解决的问题，因为它需要一些详细阐述。^①因此，我在前面表述的反对意见已经荡然无存。

还有更多需要考虑的问题。经过一种具体解释，罗巴切夫斯基几何学已经不再是无用的逻辑练习，而是可以有一些实际应用。这里我无暇讨论这些应用，也无暇讨论克莱因先生和我如何将其用于线性方程的积分。

此外，这种解释并不是唯一的，我们可以制作出与前一字典类似的若干字典，它们都能使我们通过简单的"翻译"将罗巴切夫斯基定理转换成普通几何学的定理。

隐　公　理

我们的教科书中明确陈述的公理是几何学的唯一基础吗？我们可以确信，事实恰恰相反，因为当这些公理被逐个抛弃时，我们看到，仍有欧几里得、罗巴切夫斯基和黎曼的几何学所共有的一些命题存在着。这些命题必须基于几何学家们默认的一些前提。我们不妨试着从经典证明中将其提取出来。

约翰·斯图亚特·密尔（John Stuart Mill）声称，每一个定义都包含一条公理，因为在定义时，我们隐含地断言了被定义对象的存在性。这未免走得太远了。在数学中，提供一个定义而不接着证明被定义对象的存在性，这并不常见。如果证明被跳过，一般是因为

---

① 法文第一版的文本是："这是一个我在这里无法回答的问题，但它很有趣，而且我相信并非无法解决。"（Poincaré 1902: 58）——英译者

读者很容易填充缺失的内容。我们不应忘记，在指称数学实体时和指称物理对象时，"存在"一词的含义是不同的。数学实体是存在的，只要它的定义不蕴含矛盾，无论是内在地不蕴含矛盾，还是与之前接受的命题不矛盾。

密尔的评论虽然不能适用于所有定义，但对于某些定义来说却是正确的。我们有时会用以下方式来定义平面：平面是这样一种面，使得连接其任意两点的直线完全位于这个面上。这个定义显然隐藏了一条新的公理。虽然最好改变这个定义，但那样一来，我们必须明确陈述这条公理。

另一些定义可能会引起同样重要的思考，例如两个图形的相等。当两个图形可以叠合时，它们是相等的，但要使它们叠合，必须移动其中一个图形，直到它与另一个图形重合。但应当如何移动它呢？如果我们问这个问题，那么我们无疑会被告知，应当像移动刚体一样来移动它，不使之变形。这样一来，明显会出现循环论证。

事实上，这个定义没有定义任何东西。对于生活在一个只有流体的世界中的生物来说，它是毫无意义的。如果它在我们看来很清楚，那是因为我们已经习惯了天然固体的性质，这些性质与所有尺寸都不变的理想固体的性质并无多少区别。然而，这个定义虽然可能并不完善，但却隐含着一条公理。一个不变的图形可以移动，这并非自明的真理。至少只有在欧几里得公设的意义上，而不是在先验分析判断的意义上，它才是自明的。

此外，在研究几何学的定义和证明时我们看到，我们不得不在未经证明的情况下不仅承认这种运动的可能性，还要承认它的一些性质。这首先可见于直线的定义。人们已经给出了许多不完善的定义，但正确的定义是在有直线介入的所有证明中被隐含地理解的那个定义："一个不变图形的移动有可能使得属于该图形的一条线上的所有点都不动，而这条线之外的所有点都移动。这样一条线将被称为直线。"在这一陈述中，我们已将定义与它所隐含的公理特意分开。

许多证明，比如证明三角形相等，以及从一点可向一条直线引垂线，都预先假设了我们未经陈述的命题，因为它们迫使我们承认，可以以某种方式在空间中移动图形。

第四种几何学

在这些隐含的公理中，有一条值得注意，因为抛弃它将使我们能够建立与欧几里得、罗巴切夫斯基和黎曼的几何学一样融贯的第四种几何学。为了证明在点 A 总可以向直线 AB 引一条垂线，考虑绕点 A 转动的直线 AC，它起初与固定直线 AB 重合。让 AC 绕点 A 转动，直到它位于 AB 的延长线上。

因此，我们假设了两个命题：首先，这种转动是可能的，其次，转动可以继续下去，直到两条直线互为延长线。如果接受第一点而拒绝第二点，我们就可以得到一系列定理，这些定理甚至比罗巴切夫斯基和黎曼的定理更为奇特，但同样没有矛盾。我只引用其中一个定理，它并不是其中最奇特的：一条实际的直线可以垂直于它自身。

李　定　理

经典证明中隐含的公理数量超出了必需，人们已经努力将该数量减到最少。希尔伯特（Hilbert）似乎为这个问题提供了决定性的解决方案。首先，我们可以先验地问，这种减少是否可能，必要公理的数量和可想象的几何学的数量是否是无限的。李（Sophus Lie）定理对这个问题至关重要，它可以表述如下：

假设我们承认以下前提：

1° 空间有 n 维。

2° 可以移动不变的图形。

3° 这个图形在空间中的位置需要 p 个条件来决定。

与这些前提相容的几何学的数量将是有限的。我甚至可以补充说，若 n 已知，则可以给 p 指定一个上限。因此，如果承认这种移动是可能的，那么我们只能发明有限（甚至相当有限）数量的三维几何学。

黎曼几何学

然而，黎曼似乎反对这一结论，因为他构造了无限数量的不同几何学，而我们通常用他的名字来指称的几何学只是其中一个特例。他说，一切都取决于如何定义曲线的长度。定义此长度有无数种方式，每一种方式都可以成为一种新几何学的出发点。

虽然这是绝对正确的，但这些定义大都与在李定理中被认为可能的不变图形的移动不相容。黎曼的这些几何学虽然在许多方面都很有趣，但它们只能是纯粹分析的，并不适用于类似欧几里得的证明。

希尔伯特几何学

最后，韦罗内塞（Veronese）和希尔伯特构想了更为奇特的新几何学，他们称之为**非阿基米德几何学**。他们先是拒绝了**阿基米德公理**，然后构建了这些几何学，根据这条公理，任何给定的长度乘以一个足够大的整数，最终都会超过任何其他长度，无论后者可能有多长。普通几何学的所有点都存在于一条非阿基米德直线上，但它们之间可以容纳无数其他点，因此，在老派几何学家认为相邻接的两段之间可以容纳无数新点。简而言之，用上一章的术语来说，非阿基米德空间不再是二阶连续统，而是三阶连续统。

论公理的本性

数学家大都认为，罗巴切夫斯基的几何学仅仅是一种逻辑上的好奇，尽管其中一些人走得更远。既然可能有多种几何学，我们的几何学肯定是正确的吗？实验固然表明三角形的内角之和等于两直角，但那是因为我们处理的三角形太小了。根据罗巴切夫斯基的说法，其差异与三角形的面积成正比。如果我们处理更大的三角形，或者如果测量得更精确，这种差异也许就变得显著了。那样一来，欧几里得几何学将仅仅是一种暂时的几何学。

为了讨论这种观点，我们必须先来探究几何学公理的本性。它们是康德所说的先验综合判断吗？那样一来，它们将显得如此自明，以致我们无法设想相反的命题，也无法以之为基础进行理论建构。那就不会有非欧几何学。为了确信这一点，我们取一个先验综合判断，比如下面这个在第一章起了重要作用的判断：

如果一个定理对数 1 为真，而且已经证明只要它对 n 为真，它就对 n+1 为真，那么它对所有正整数都为真。

接下来，让我们试着摆脱并拒绝这个命题，以构建一种类似于非欧几何学的错误算术；我们永远不会成功。起初，我们甚至会把这些判断看成分析判断。

此外，让我们重新考虑我们想象中的没有厚度的动物。我们几乎不可能承认，这些生物如果有了我们这样的心智，会采用欧几里得几何学，这将与它们的所有经验相矛盾。

那么，我们应当断定几何学公理是实验真理吗？我们不对理想直线或理想的圆进行实验，而只对物理对象进行实验。作为几何学基础的实验又是基于什么呢？答案很简单。前已看到，我们总是认为几何图形表现得像固体一样。几何学从实验中得到的正是这些物体的性质。

光及其直线传播的特性也产生了一些几何学命题，特别是射影几何学的命题，因此我们很容易认为，度量几何学是对固体的研究，而射影几何学是对光的研究。

但仍然有一个困难，而且是无法克服的。如果几何学是一门实验科学，那么它将不是一门精确科学，而会不断得到修正。不，从现在起它就肯定不正确，因为我们知道不存在完全刚性的固体。

因此，几何学公理既不是先验综合判断，也不是实验事实。

它们是**约定**。在所有可能的约定中，我们的选择都以实验事实**为指导**，但它仍然是**自由的**，仅仅受制于避免所有矛盾的必要性。因此，即使有助于采用这些公设的实验定律只是近似的，这些公设也仍然可以**严格**为真。换句话说，**几何学公理**（我不谈算术公理）**仅仅是伪装的定义**。

那么，我们应该如何理解这样一个问题：欧几里得几何学为真吗？这个问题没有任何意义。我们也可以问公制是否为真，旧的度量衡是否为假；是否笛卡尔坐标为真，极坐标为假。一种几何学不可能比另一种更真，而只能**更有用**。

无论现在还是将来，欧几里得几何学都是最有用的几何学：

1° 因为它是最简单的。之所以最简单，不仅是因为我们习惯性的思维方式，或者对欧几里得空间的某种直接直觉。它本身就是最简单的，就像一次多项式比二次多项式更简单一样。[球面三角学的公式比平面三角学的公式更复杂，对于不了解其几何意义的分析家来说，它们看起来就更复杂。]①

2° 因为它非常符合天然固体的性质，这些固体类似于我们的四肢和眼睛，我们用它们来制作测量工具。

---

① 中括号中的文本不见于法文第一版。——英译者

第四章　空间和几何学

让我们从一个小悖论开始。与我们心智相同、感官相同但没有受过任何教育的生物，可以从一个恰当选择的外部世界获得一些印象，引导他们构造一种不同于欧几里得的几何学，并将这个外部世界的现象定位于一个非欧几里得空间甚至四维空间。而我们的教育是由我们的现实世界形成的，如果突然把我们转移到这个新世界，我们将毫无困难地将它的各种现象与我们的欧几里得空间联系起来。[反之，若把这些生物转移到这里，它们也会将我们的各种现象与非欧几里得空间联系起来。事实上，只要付出一些努力，我们也能做到。]① 致力于这项任务的人也许能够想象第四维。

几何空间和表象空间

人们常说，我们对外部对象形成的图像位于空间中，甚至只能在这种条件下形成。也有人说，这个空间作为我们感觉和表象的一种现成框架，与几何学家的空间相同，拥有后者的所有属性。对于持这种观点的所有心智清醒的思想家来说，上一陈述必定显得异乎

---

① 中括号中的文本不见于法文第一版。——英译者

寻常。然而，我们应当确保他们不会沦为某种幻觉的受害者，而这种幻觉通过认真分析就可以消除。首先，空间本身的性质是什么？我指的是作为几何学对象的空间，我将称之为**几何空间**。以下是一些更基本的性质：

1. 它是连续的。

2. 它是有限的。

3. 它有三个维度。

4. 它是同质的，也就是说，它的所有点都彼此相同。

5. 它是各向同性的，也就是说，过同一点的所有直线都彼此相同。

现在我们把几何空间与我们表象和感觉的框架相比较，我可以称后者为**表象空间**。

视 觉 空 间

让我们首先考虑一种纯粹的视觉印象，它由视网膜后部形成的图像所引起。粗略的分析表明，这幅图像是连续的，但只有二维，这已将几何空间与我们所谓的纯视觉空间区分开来。此外，这幅图像囿于一个有限的框架内。最后，还有另一个同样重要的区别：**这个纯粹的视觉空间不是同质的**。视网膜上的所有点，不论那里可以形成什么图像，并非都起同样的作用。无论如何也不能认为黄斑与视网膜边缘的一个点相同。事实上，不仅同一对象在那里产生了更生动的印象，而且在任何**有限的框架**中，框架中心的点都不会与边缘附近的一个点相同。更仔细的分析无疑会表明，视觉空间的这种连续性及其两个维度不过是一种错觉，从而使视觉空间与几何空间更加不同，不过这里只是顺便提一句 [其推论已在第二章得到详细考察]。[1]

然而，视觉能让我们估计距离，从而感知第三维。众所周知，这种对第三维的感知可以归结为努力调适的感觉，以及为了清晰地看到物体而必须给予双眼的会聚感。这些肌肉感觉完全不同于为我们提供了前两维概念的视觉。于是在我们看来，第三维不会扮演与其他两维相同的角色。因此，我们所谓的**完整的视觉空间**并不是一个各向同性空间。的确，完整的视觉空间有三维，这意味着当我们视觉要素（或至少是参与形成广延概念的那些要素）中的三个已知时，它们将被完全定义。用数学语言来说，它们将是三个自变量的函数。

如果更仔细地考察这个问题，第三维就会以两种不同方式向我们显示：通过调适的努力和通过眼睛的会聚。毫无疑问，这两种信息源总是一致的。它们之间有一种恒定的关系，或者用数学语言来说，度量这两种肌肉感觉的两个变量在我们看来并不独立。或者，为了避免诉诸已经相当精致的数学概念，我们可以回到第二章的语言，将同一事实陈述如下：如果两种会聚感 A 和 B 是无法分辨的，那么与之伴随的两种调适感 A′ 和 B′ 也将无法分辨。然而，这可以说是一个实验事实。没有什么可以先验地阻止我们假设相反的情形，如果相反的情形确实发生了，如果这两种肌肉感觉彼此独立地变化，那么我们将不得不考虑另一个自变量，"完整的视觉空间"

---

[1]　中括号中的文本不见于法文第一版。——英译者

在我们看来将是一个四维的物理连续统。我还要补充一点，它甚至是一个**外部**经验的事实。没有什么能够阻止我们设想将一种与我们心智相同、感觉器官相同的生物，置于一个光只有经过形状复杂的折射介质才能到达的世界中。我们用来估计距离的两个信息源将不再以一种恒定的关系相关联。在这样一个世界里训练感官的生物，无疑会把四维赋予完整的视觉空间。

触觉空间和动觉空间

"触觉空间"比视觉空间还要复杂，与几何空间就离得更远。对于触觉，无需重复我就视觉所说的话。然而，除了来自视觉和触觉的信息，还有其他感觉对于空间概念的形成起着很大甚至更大的作用。这些感觉是众所周知的，伴随着我们的所有动作，通常被称为"肌肉感觉"。相应的框架构成了我们所谓的**动觉空间**。每一块肌肉都会产生一种特殊的感觉，这种感觉可以增加或减少，以至于我们的整个肌肉感觉都将取决于我们的肌肉这么多个变量。从这个角度来看，**我们有多少肌肉，动觉空间就有多少维**。

我知道有人会说，如果肌肉感觉有助于形成空间概念，那是因为我们感觉到每个动作的**方向**，而这是感觉的一个组成部分。如果是这样，如果只有伴随着这种几何的方向感才能产生肌肉感觉，那么几何空间一定是强加于我们感觉的一种形式，但我在分析我的感觉时根本察觉不到这一点。我所看到的是，在我的心智中，与同一方向的运动相对应的感觉通过一种简单的**观念的联系**相关联，正是这种联系导致了我们所谓的"方向感"。因此，我们不可能把这种感觉追溯到单一的感觉。这种联系极其复杂，因为根据四肢的位置，同一肌肉的收缩可能对应于不同方向的运动。此外，它显然是获得的；和所有观念联系一样，这一联系显然是**习惯**的结果，而习惯本身则是许多**经验**的结果。毫无疑问，倘若我们的感官训练是在不同的环境中进行的，在那里我们会经历不同的印象，那么就会产生其他习惯，我们的肌肉感觉也会按照其他定律联系起来。

表象空间的特征

因此，表象空间的三重形式——视觉空间、触觉空间和动觉空间——与几何空间有本质不同。它既不是同质的，也不是各向同性的。我们甚至不能说它是三维的。常有人说，我们将外感知对象"投射"到几何空间中，我们"定位"它们。这有什么意义吗？如果有，意义是什么？它意指我们在几何空间中想象外部对象吗？我们的表象仅仅是我们感觉的复制，因此只能被置于与后者相同的框架即表象空间中。对我们来说，在几何空间中想象外物就像画家在平面画布上绘制三维物体一样不可能。表象空间仅仅是几何空间的图像，该图像被某种透视所扭曲，我们只能通过让物体服从这种透视法则来想象物体。因此，我们无法在几何空间中**想象**外物，但可以像这些物体位于几何空间中一样对其进行**推理**。另一方面，当我们说我们把这样一个物体"定位"于空间中某一点时是什么意思呢？**它的意思仅仅是，我们正在想象到达这个物体所需的运动。**它并不是说，为了想象这些运动，必须把它们投射到空间中，因此空间概念必须预先存在。当我说我们想象这些运动时，我的意思仅仅是，我们想象与之伴随的肌肉感觉。这些感觉由于没有几何特征，所以绝不意味着空间概念的预先存在。

状态变化和位置变化

然而，如果几何空间的概念既非强加于我们的心智，亦非由我们的感觉所提供，那它是如何产生的呢？我们现在就来考察这个问题，这要花一些时间，但我可以概括一下我即将提出的临时解释：**我们的任何感觉如果孤立起来，都不可能使我们产生空间概念，只有通过研究这些感觉彼此相继的法则，我们才能产生空间概念**。我们先是看到，我们的印象会发生变化。但我们很快就会对我们查明的变化做出区分。我们有时说导致这些印象的物体改变了状态，有时说它们改变了位置，仅仅发生了位移。一个物体是改变了状态，还是仅仅改变了位置，总是以同样的方式即**通过印象集合的变化**传达给我们。那么，我们如何能够区分它们？［很容易注意到差异。］[①]如果只是位置变化，我们可以做一些运动，使我们回到**相对于运动物体的相同位置**，从而恢复最初的印象集合。这样便**纠**正了所产生的变化，并通过相反的变化重新建立了初始状态。例如就视觉而言，如果一个物体在我们眼前移动，我们可以"密切注视它"，通过眼球的适当运动，使其图像保持在视网膜的同一点。我们之所以意识到这些运动，是因为它们是有意的，并且伴随着肌肉感觉，但这并不意味着我们在几何空间中想象它们。

---

① 这句话不见于法文第一版。——英译者

　　因此，位置变化的典型特征，它与状态变化的区别，就在于它能以这种方式被纠正。因此，我们可以以两种不同的方式从印象集合 A 变成印象集合 B：（1）无意地，没有肌肉感觉，这是物体移动时发生的情况；（2）有意地，有肌肉感觉，这是物体不动而我们移动、物体与我们有相对运动时发生的情况。如果是这样，那么从印象集合 A 变成印象集合 B 仅仅是位置变化。由此可见，如果没有"肌肉感觉"的帮助，视觉和触觉就给不出空间概念。空间概念不仅不可能来自单一的感觉，甚至只**来自一**系列感觉，而且**不动**的生物也永远无法获得这个概念，因为它若无法通过运动来**纠正**外物位置变化所产生的影响，就没有理由将其与状态变化区分开来。如果它的运动不是有意的，或者没有伴随某种感觉，它也不可能获得空间概念。

补 偿 条 件

　　如何才能有这样一种补偿，使两种独立的变化相互纠正呢？一个**已经精通几何学**的人会这样推理："如果存在补偿，那么一方面，外物的不同部分，另一方面，我们的不同感觉器官，在两种变化之后必须处于同一**相对**位置。为此，外物的不同部分彼此之间也必须保持同一相对位置。我们身体的不同部分彼此之间也必须如此。换句话说，在第一种变化中，外物必须像刚体一样移动。在纠正第一种变化的第二种变化中，我们的整个身体也必须如此。在这些条件下，补偿可以发生。然而，对于我们这些**还不懂几何学**的人来说，空间概念尚未形成，所以我们不能以这种方式进行推理；我们无法先验地预测补偿是否可能。但经验告诉我们，补偿有时的确会发生，正是从这一实验事实出发，我们才开始区分状态变化和位置变化。"

固体和几何学

在我们周围的物体中，有些物体常常会发生位移，这种位移可以通过我们自己身体的相关运动来纠正：这些物体是**固体**。另一些形状可变的物体只在极少数情况下才会发生这种位移（位置改变而形状不变）。如果一个物体在位移的同时**改变了形状**，我们就不再能够通过适当的运动使我们的身体器官回到**相对于这个物体的同一位置**。因此，我们不再能够重建我们最初的印象集合。只有到后来，有了新的经验之后，我们才学会如何把形状可变的物体分解成更小的要素，使每一个要素都大致按照与固体相同的定律发生位移。由此我们将"变形"与其他状态变化区分开来。在这些变形中，每一个要素都发生了一种可以被纠正的简单位置变化，但整体的改变更为深刻，而且不再能够通过相关运动来纠正。这样一个概念已经非常复杂，只有在较晚的阶段才能出现。此外，若不是对固体的观察预先教会了我们如何区分出位置变化，这个概念也不会出现。**因此，如果自然之中没有固体，就不会有几何学。**

另一点也值得注意。假设一个固体相继占据位置 α 和位置 β。它在第一个位置产生了印象集合 A，在第二个位置产生了印象集合 B。现在假设有第二个固体，其性质与第一个完全不同，例如有不同的颜色。假设它从产生印象集合 A′ 的位置 α，到了产生印象集合 B′ 的位置 β。一般来说，集合 A 与集合 A′ 毫无共同之处，集合 B

与集合 B′ 也没有共同之处。因此，从集合 A 变成集合 B 以及从集合 A′ 变成集合 B′，是两种**本身毫无共同之处**的变化。但我们认为这两种变化都是位移，而且认为是**相同的**位移。怎么会这样呢？那只是因为，两者都能通过我们身体的**同一相关运动**来纠正。因此，"相关运动"构成了这两种现象之间的**唯一关联**，否则我们永远也想不到关联。另一方面，我们的身体有许多关节和肌肉，因此可以作大量不同的运动，但并非所有运动都能"纠正"外物的变化。能够做到这一点的只有我们整个身体的运动，或至少是我们所有起作用的感觉器官的一起运动，也就是在不改变其相对位置的情况下改变位置，就像在固体中那样。

让我们总结一下：

1° 首先，我们区分了两种现象。第一种现象是外部变化，它不是自主的，也不伴随肌肉感觉，我们将它归于外物。另一种现象是内部变化，具有相反的特征，我们将它归于我们自己身体的运动。

2° 我们注意到，每一种现象中的**某些**变化可能被另一种现象中的相关变化所纠正。

3° 在外部变化中，我们区分出了那些与另一种现象相关的变化，并称之为位移。同样，在内部变化中，我们区分出了那些与第一种现象相关的变化。这种相互性使我们能够定义一类特殊的现象，并称之为位移。**这些现象的定律是几何学的对象。**

同 质 性 定 律

这些定律中的第一条是同质性定律。假设一个外部变化 α 使我们从印象集合 A 变成了印象集合 B，然后这个变化 α 被一个自主的相关运动 β 所纠正，使我们又回到了印象集合 A。现在，假设另一个外部变化 α′ 使我们再次从印象集合 A 变成印象集合 B。然后经验告诉我们，和 α 一样，这个变化 α′ 可以通过一个自主的相关运动 β′ 来纠正，而且这个运动 β′ 对应于与纠正 α 的运动 β 相同的肌肉感觉。这一事实通常被表述为：**空间是同质的和各向同性的**。我们还可以说，发生过一次的运动可以在不改变其性质的情况下重复第二次、第三次，等等。我们在第一章讨论数学推理的本性时，看到了可能无限重复同一操作的重要性。数学推理的力量正是源于这种重复，几何学事实正是通过同质性定律被理解的。为完备起见，除了同质性定律，我们还必须补充其他一些定律，这里我不想讨论这些定律的细节，但数学家们总结说：这些位移形成了一个"群"。

非欧几里得世界

如果几何空间是强加于单独考虑的我们**每一个**表象上的框架，那么在没有这个框架的情况下，我们将不可能想象一幅图像，也无法改变我们的几何学。但事实并非如此，因为几何学只是这些图像的**彼此相继**所服从的定律的总和。因此，没有什么能够阻止我们想象在各个方面都与我们的日常表象相似、但却按照不同于我们习惯的那些定律彼此相继的一系列表象。于是我们看到，在这些定律截然不同的环境中接受教育的生物，可能有一种与我们截然不同的几何学。

例如，假设有一个封闭在一个巨大球体中的世界，它服从以下定律：

1. 温度不均匀。它在中心处最高，随着远离中心而逐渐减小，在包围这个世界的球体周缘降至绝对零度。温度变化的定律如下：设 R 为球的半径，r 为所考虑的点与球心的距离，绝对温度将正比于 R^2-r^2。

2. 再假设在这个世界上，所有物体都有相同的热膨胀系数，因此任何标尺的长度都与其绝对温度成正比。

3. 最后，假设一个物体从一点移到温度不同的另一点，会立即与新环境达到热平衡。

在这些假设中，没有什么是矛盾的或不可想象的。随着接近球体周缘，运动物体会变得越来越小。首先要注意，虽然从我们日常几何学的角度来看，这个世界是有限的，但对其居民来说，它却是无限的。事实上，这些居民随着接近球面会逐渐变冷，同时变得越来越小。因此，它们迈的步子也逐渐变小，所以永远达不到球体边界。如果对于我们来说，几何学研究的仅仅是刚体的运动定律，那么对于这些想象中的生物来说，几何学研究的将是刚才讨论的**因温度差而变形**的固体的运动定律。

毫无疑问，在我们的世界中，天然固体也会因加热或冷却而发生形状和体积的变化。然而在为几何学奠基时，我们忽略了这些变化，因为它们不仅很小，而且不规则，所有在我们看来似乎是偶然的。在我们这个假设的世界，情况将不是这样，这些变化将会遵循非常简单的规则的定律。此外，组成这些居民身体的各种坚固部分在形状和体积上都会发生相同的变化。我将进一步假设，光通过各种折射介质的方式使得折射率与 R^2-r^2 成反比。在这些条件下很容易看出，光线将不再是直的，而是圆的。

　　为了证明上述说法的合理性，我需要表明，外物位置的某些变化可以通过居住在这个想象世界中的生物的相关运动来**纠正**，从而恢复这些生物所体验的初始印象集合。假设物体在位移时是变形的，不是以刚体的方式，而是像固体那样，完全按照上述温度定律发生不均匀的膨胀。为简洁起见，请允许我将这种运动称为**非欧几里得位移**。如果有一个生物在附近，那么它的印象会被物体的位移所改变，但它可以通过以合适的方式移动来重建这些印象。为此，被认为形成了单一物体的由物体和生物组成的整体，只需发生一种我刚才所谓的非欧几里得位移。如果假设这些生物的肢体按照与它们所居住世界中的其他物体相同的定律发生膨胀，那么这是可能的。尽管从我们日常几何学的角度来看，物体在这种位移中发生了变形，其不同部分不再处于同一相对位置，但我们将会看到，生物的印象仍然和以前相同。事实上，虽然不同部分的相互距离可能有所不同，但起初接触的部分仍然是接触的。因此，触觉印象不会改变。而根据关于光线折射和曲率的上述假设，视觉印象也将保持不变。

　　因此和我们一样，这些想象中的生物将不得不对它们观察到的现象进行分类，并且在其中区分出可以通过自主的相关运动来纠正的"位置变化"。如果它们建立了一种几何学，则这种几何学不会像我们的几何学那样研究我们刚体的运动，而会研究它们所区分出的位置变化，而这些变化将是"非欧几里得位移"。**它将是非欧几何学**。因此，像我们这样在这个世界中接受教育的生物，将不会有和我们一样的几何学。

四 维 世 界

正如我们可以想象一个非欧几里得世界，我们也可以想象一个四维世界。与眼球运动相关联的肌肉感觉同视觉（即使只有一只眼睛）结合在一起，也足以使我们构想出三维空间。外物的图像投射到视网膜（一个二维表面）上，它们是**透视图**。但由于这些物体和我们的眼睛都可以运动，我们会从不同角度相继看到同一物体的不同透视图。与此同时，我们还注意到，从一个透视图到另一个透视图的转换往往伴随着肌肉感觉。如果从透视图 A 到透视图 B 的转换以及从透视图 A′ 到透视图 B′ 的转换伴随着相同的肌肉感觉，我们会将它们联想为相同性质的操作。在研究这些操作所由以结合的定律时，我们发现它们形成了一个与刚体运动具有相同结构的群。正如我们所看到的，正是从这个群的性质，我们导出了几何空间的概念和三维的概念。由此我们理解了这些透视图如何产生了三维空间的概念，尽管每一个透视图都只是二维的——因为它们按**照某些定律彼此相继**。

正如我们可以在平面上绘制三维图形的透视图，我们也可以在三维（或二维）的面上绘制四维图形的透视图。对于几何学家来说，这只是孩子的游戏。我们甚至可以从许多不同角度来绘制同一形体的许多透视图，而且很容易想象这些透视图，因为它们只有三维。想象同一物体的不同透视图相继出现，从一个透视图到另一个透视图的转换伴随着肌肉感觉。每当其中两个转换与相同的肌肉感觉相联系，我们就会视之为两种相同类型的操作。于是，没有什么能阻止我们想象，这些操作按照我们选择的任何定律结合起来，从而（比如）形成一个与四维刚体运动结构相同的群。这里没有什么东西是我们无法想象的，即使一个拥有二维视网膜并能在四维空间中移动的生物所体验到的正是这些感觉。在这个意义上我们可以说，想象第四维是可能的。[不可能以这种方式想象我们在前一章讨论过的非阿基米德空间，因为这个空间不再是二阶连续统，因此与我们们的普通空间差异甚大。]①

结　　论

我们看到，经验在几何学的起源中起着不可或缺的作用。但由此断定几何学（哪怕只在部分程度上）是一门实验科学，却是错误的。如果几何学是实验的，它将只是近似的和暂时的，而且是一种多么粗糙的近似！几何学将只是对固体运动的研究；然而实际上，它并不关心天然固体。其对象是某些理想的、绝对刚性的物体，只是天然固体的一种简化的、不甚相干的图像。这些理想物体的概念完全出自我们的心智，而经验只是使我们有机会产生这个概念。

几何学的对象是研究一个特定的"群"。但群的一般概念预先（至少是潜在地）存在于我们的心智中。它不是作为我们的一种感性形式，而是作为我们的一种知性形式强加于我们。但我们必须从所有可能的群中选择一个将会成为自然现象之参照**标准**的群。经

---

①　这句话不见于法文第一版。庞加莱用"希尔伯特空间"（*l'espace de M. Hilbert*）来指称上一章所说的非阿基米德几何学。——英译者

验指导我们进行选择，而不是把选择强加给我们。经验告诉我们哪种几何学最有用，而不是哪种几何学最真实。要注意，我只**需使用普通几何学的语言**，就能描述上述想象世界。事实上，如果我们到了那些世界，不必改变语言。在那里受教育的生物也许会觉得，创建一种更符合其印象的、不同于我们的几何学更有用；至于我们，面对**同样的**印象，我们肯定会觉得不改变习惯更有用。

第五章　经验和几何学

1

在上文中，我已经多次试图表明，几何学的原理并非实验事实，特别是，欧几里得的公设无法通过实验来证明。无论上述理由在我看来有多么令人信服，我认为我应当进一步详细论述这个问题，因为有一个极为错误的观念深深地植根于许多人心中。

2

用某种材料制作一个物理的环，测量它的半径和周长，看看这两个长度之比是否等于 π。我们做了什么呢？我们针对制作这个**环**以及量尺的材料的特性做了一个实验。

3 几何学和天文学

这个问题也可以以另一种方式提出来。如果罗巴切夫斯基几何学为真，那么一颗非常遥远的恒星的视差将是有限的。如果黎曼几何学为真，则视差将为负。这些结果似乎能够通过实验获得，可以期望，天文观测能让我们在这三种几何学之间做出选择。然而，我们在天文学中所谓的"直线"仅仅是光线的路径。因此，如果我们发现了负视差，或者证明所有视差都大于某个极限，我们就得在两个结论之间做出选择：要么放弃欧几里得几何学，要么修改光学定律，承认光不一定严格沿直线传播。不用说，每个人都会认为后一种解决方案更有利。因此，欧几里得几何学根本不用担心新的实验。

4

我们能否认为，某些现象在欧几里得空间中是可能的，而在非欧几里得空间中则是不可能的，因此，通过证明这些现象存在，实验将与非欧几里得假设直接相矛盾？就我而言，这个问题根本不可能产生。在我看来，它完全等同于以下问题，其荒谬性是显而易见的："是否有一些长度可以用米和厘米来表示，但不能用英寻、英尺和英寸来测量，因此，通过证明这些长度存在，实验将与'存在着可以分为 6 英尺的英寻'这一假设直接相矛盾？"

让我们更仔细地考察这个问题。假设在欧几里得空间中，直线具有两种性质（我称之为 A 和 B），而在非欧几里得空间中，直线仍然具有性质 A，但不再具有性质 B。最后我假设，在欧几里得空间和非欧几里得空间中，直线是唯一具有性质 A 的线。倘若如此，实验就能在欧几里得的假设和罗巴切夫斯基的假设之间做出决定。某种可作实验的具体对象——例如光束——会被发现具有性质 A，由此我们可以断言它是直线的，然后研究它是否具有性质 B。但事

实并非如此：没有任何性质能像这种性质 A 一样充当绝对标准，使我们能够识别出直线，并将它与任何其他线区分开来。例如，我们是否会说，"这种性质如下：直线是这样一条线，使得包含这条线的图形只有在其各个点的相互距离发生变化，而该直线的所有点都保持固定的情况下才能运动"？无论在欧几里得空间中还是在非欧几里得空间中，这种性质都属于直线，而不属于任何其他东西。但我们如何用实验来确定它是否属于某一具体对象呢？距离必须测量，我们如何知道我用物理仪器测量出来的某一具体长度是否正确地表示了抽象距离呢？我们只是把困难推后了一些而已。

事实上，我刚才陈述的性质并非只是直线的性质，而是直线和距离这二者的性质。为使之充当绝对标准，我们不仅需要表明它不属于除直线和距离之外的任何其他线，还需要表明它不属于除直线之外的任何其他线以及除距离之外的任何其他量——但事实并非如此。因此，无法想象一个具体实验能在欧几里得体系中得到解释，但不能在罗巴切夫斯基体系中得到解释。因此，我可以得出结论：任何实验都不会与欧几里得的公设相矛盾；但另一方面，任何实验也不会与罗巴切夫斯基的公设相矛盾。

5

然而，欧几里得的（或非欧几里得的）几何学永远不可能与实验直接相矛盾，这是不够的。它难道不可能仅仅通过违反充足理由律和空间相对性原理而与实验相一致吗？让我解释一下。考虑任何物理系统。一方面，我们必须考虑该系统中各个物体的"状态"

（例如它们的温度、电势等），另一方面，还要考虑它们在空间中的位置。在使我们得以确定这个位置的数据中，我们区分了确定这些物体相对位置的相互距离，以及确定该系统在空间中的绝对位置和绝对方向的条件。该系统中将会产生的现象的定律也许取决于这些物体的状态及其相互距离；但由于空间的相对性和惯性，它们将不取决于该系统的绝对位置和方向。换句话说，物体的状态及其在任一时刻的相互距离将仅仅取决于这些物体的状态及其在初始时刻的相互距离，而绝不取决于该系统的初始绝对位置和初始绝对方向。为简洁起见，这就是我所说的**相对性定律**。

到目前为止，我一直在以欧几里得几何学家的身份讲话。然而正如我所说，无论什么实验，都容许用欧几里得假说进行解释，但也容许用非欧几里得假说进行解释。我们做了一系列实验。我们用欧几里得假设来解释它们，认识到这样解释的实验并不违反这一"相对性定律"。我们现在用非欧几里得假设来解释它们，这总是可能的。只是在这种新的解释中，各个物体的非欧几里得距离一般来说将不同于原始解释中的欧几里得距离。用这种方式解释的实验还会符合我们的"相对性定律"吗？如果不符，我们不是仍然有权说，实验已经证明非欧几何学为假吗？

很容易看到，这种担心是没有根据的。事实上，要想运用严格的相对性定律，必须把它运用于整个宇宙；因为如果只考虑宇宙的一部分，如果这部分的绝对位置发生变化，那么它与宇宙中其他物体的距离也会发生变化。因此，它们对这部分宇宙的影响可能会增加或减小，这可能会改变那里发生的现象的定律。但如果我们的系统是整个宇宙，实验就无法向我们揭示它在空间中的绝对位置和方向。我们的仪器无论多么精密，都只能告诉我们宇宙不同部分的状态及其相互距离。因此，我们的相对性定律可以表述为："我们在任一时刻可以在仪器上读取的读数，将仅仅取决于我们在初始时刻可以在这些仪器上读取的读数。"现在，这一陈述独立于对实验的任何解释。如果该定律在欧几里得解释中为真，那么它在非欧几里得解释中也将为真。

这里，请容许我插几句离题的话。在上文中，我谈到了确定一个系统不同物体位置的数据。我还应提到确定其速度的那些数据。然后，我必须区分两种速度：一种是不同物体相互距离变化的速度，另一种是该系统的平移和旋转速度，也就是其绝对位置和方向变化的速度。为使心智完全满意，相对性定律可以表述为："物体在任一时刻的状态及其相互距离，以及这些距离在这一时刻变化的速度，将只取决于这些物体在初始时刻的状态及其相互距离，以及这些距离在这一初始时刻变化的速度。然而，它们既不取决于该系统初始的绝对位置或绝对方向，也不取决于这一绝对位置和方向在初始时刻变化的速度。"

不幸的是，这样表述的定律与实验并不一致，至少不像通常解释的那样一致。假定将某个人送至一个星球，那里的天空常常被厚厚的云层所覆盖，以致他永远看不到其他天体。他在这个星球上生活，就好像它在太空中被孤立隔绝一样。然而，这个人可以通过测量它的椭圆率（通常借助于天文观测，但也可以借助于纯粹的测地学方法）或重复傅科摆实验意识到它在旋转。由此便可清楚地显示出这颗星球的绝对旋转。哲学家对这一事实感到震惊，但物理学家不得不接受它。

　　我们知道，牛顿用这个事实来论证绝对空间的存在。我本人无法接受这种观点，并将在第三部分进行解释。这里我不打算讨论这个问题。因此在陈述相对性定律时，我不得不把各种速度包含在确定物体状态的数据中。无论如何，这个困难对于欧几里得几何学和罗巴切夫斯基几何学来说是一样的。因此我无需为它烦恼，而只是顺便提一下。重要的是结论。实验无法在欧几里得和罗巴切夫斯基之间做出判定。总而言之，无论我们如何看待它，都不可能在几何经验论中找到合理意义。

6

　　实验只能告诉我们物体之间的关系。实验不涉及、也不可能涉及物体与空间的关系或者空间不同部分之间的关系。"是的，"你回答说，"单个实验是不够的，因为它只给出了一个带有许多未知量的方程；但如果做足够多的实验，我就会有足够多的方程来计算所有未知量。"知道主桅的高度并不足以计算船长的年龄。对组成船的所有木块进行测量之后，你会得到许多方程，但你并不因此而更了解船长的年龄。因为你对木块做的所有测量都只能告诉你与这些木块有关的东西。同样，你的实验无论有多少，由于只涉及物体之间的关系，所以无法揭示空间不同部分的相互关系。

7

　　你会说，虽然实验涉及物体，但它们至少涉及物体的几何性质吗？首先，你所谓的物体的几何性质是什么意思呢？我认为这涉及物体与空间的关系。因此，这些性质无法通过仅涉及物体之间关系的实验来确定。仅凭这一点就足以表明，这些性质并非问题所在。因此，让我们首先明确一下"物体的几何性质"这一表达的含义。当我说一个物体由若干个部分所组成时，我认定我并非在陈述一种几何性质，即使我同意将我正在考虑的最小部分不恰当地称为"点"，这样说也仍然是正确的。当我说某个物体的某个部分与另一个物体的某个部分相接触时，我所陈述的命题涉及的乃是这两个物体的相互关系，而不是它们与空间的关系。我希望你会同意我的观点，即这些不是几何性质。我相信你至少会承认，这些性质独立于度规几何学的任何知识。

　　承认这些之后，假定有一个由八根细长铁棒 OA、OB、OC、OD、OE、OF、OG、OH 组成的刚体在其一个末端 O 处接合。再取第二个刚体，例如一块木头，上面有三个小墨点，我称之为 α、β、γ。现在假定，我们发现可以让 αβγ 接触 AGO（我的意思是，α 与 A，β 与 G，γ 与 O 同时接触），因为可以让 αβγ 相继接触 BGO、CGO、DGO、EGO、FGO，然后相继接触 AHO、BHO、CHO、DHO、EHO、FHO，接着让 αγ 相继接触 AB、BC、CD、DE、EF、FA。[①]

　　这些是在不预设空间结构或度规性质的情况下可以做出的发

---

　　①　对这个非常复杂的例子的讨论可参见 Roberto Torretti, *Philosophy of Geometry from Riemann to Poincaré* (Dordrecht: D. Reidel, [1978] 1984), 340。——英译者

现。它们绝不涉及"物体的几何性质"。如果我们的实验物体按照与罗巴切夫斯基群具有相同结构的群运动（我的意思是说，按照与罗巴切夫斯基几何学中的刚体相同的定律运动），那么这些发现将是不可能的。因此，它们足以证明这些物体是按照欧几里得群运动的，或至少不是按照罗巴切夫斯基群运动的。很容易看到，这些发现与欧几里得群是相容的，因为如果物体 αβγ 是我们通常几何学中直角三角形形状的刚体，点 A、B、C、D、E、F、G、H 是一个由我们通常几何学中两个正六棱锥组成的多面体的顶点，这两个正六棱锥以 ABCDEF 为共同的底，以 G 和 H 为两个顶点，那么是可以做出这些发现的。

现在假设不是前面的发现，我们注意到，和以前一样，我们可以将 αβγ 相继置于 AGO、BGO、CGO、DGO、EGO、FGO、AHO、BHO、CHO、DHO、EHO、FHO 上，然后将 αβ（而不再是 αγ）相继置于 AB、BC、CD、DE、EF、FA 上。如果非欧几何学为真，如果物体 αβγ 和 OABCDEFGH 是刚体，前者是一个直角三角形，后者是一个适当尺寸的双正棱锥，则我们会做出这些发现。因此，如果物体按照欧几里得群运动，这些新的发现是不可能的，但如果假设物体按照罗巴切夫斯基群运动，它们就会变得可能。因此，它们将足以表明，这些物体不会按照欧几里得群运动。

于是，在未对空间的形式或本性以及物体与空间的关系做出任何假设，也没有赋予物体任何几何性质的情况下，我已经做出了一些发现，使我能够表明，实验物体在一种情况下按照一个具有欧几里得结构的群运动，在另一种情况下则按照一个具有罗巴切夫斯基结构的群运动。不能说，第一组发现构成的实验证明空间是欧几里得的，第二组发现构成的实验证明空间不是欧几里得的。事实上可以想象（我是说想象），以这种方式运动的物体使第二组发现成为可能。证据在于，一流的技工只要愿意费力和花钱，就能制造这样的物体。但你不会由此断言空间是非欧几里得的。事实上，即使这位技工制造出了刚才提到的奇特物体，普通固体也仍然存在，所以我们只能断言，空间既是欧几里得的又是非欧几里得的。

例如，假设我们有一个半径为 R 的大球，其温度按照我在描述非欧几里得世界时所说的定律从球心到球面下降。我们可以有热膨胀可以忽略不计的物体，其行为类似于普通刚体，另一方面，我们也可以有热膨胀很大的物体，其行为类似于非欧几里得刚体。我们可以有两个对顶棱锥 OABCDEFGH 和 O′A′B′C′D′E′F′G′H′，以及两个三角形 αβγ 和 α′β′γ′。第一个对顶棱锥是直线的，第二个是曲线的。三角形 αβγ 是由不发生热膨胀的材料制成的，另一个三角形 α′β′γ′ 则是由热膨胀系数很高的材料制成的。然后，我们可以用对顶棱锥 OAH 和三角形 αβγ 做出前面第一组发现，用对顶棱锥 O′H′A 和三角形 α′β′γ′ 做出第二组发现。于是，实验似乎先是表明欧几里得几何学为真，然后表明欧几里得几何学为假。**因此，实验是关于物体的，而不是关于空间的。**

8 补充

为完整起见，我应该提到一个非常微妙的问题，它需要作许多解释。这里我只是总结一下我在《形而上学和道德评论》（*Revue de métaphysique et de morale*）和《一元论者》中发表的内容。[①] 当我们说空间有三维时，我们是什么意思呢？我们已经看到我们的肌肉感觉向我们显示的这些"内部变化"的重要性。它们可以用来表征我们身体的各种姿态。让我们任取其中一个姿态 A 作为出发点。当我们从这个初始姿态过渡到另一个姿态 B 时，我们会经历一系列肌肉感觉 S，这个系列 S 将会定义 B。但请注意，我们常常认为两个系列 S 和 S′ 定义了同一姿态 B（因为初始姿态和最终姿态 A 和 B 保持不变，而中间姿态和相应感觉则可能有所不同）。那么，我们如何认识到这两个系列是等价的呢？这是因为它们可以用来补偿同一外部变化，或者更一般地说，因为当问题在于补偿某个外部变化时，一个系列可以被另一个系列所取代。

在这些系列中，我们区分出了那些能够独自补偿某个外部变化的系列，我们称之为"位移"。由于我们无法区分两个太过接近的位移，所以这些位移的集合就呈现出物理连续统的特征。经验告诉我们，它们是一个六维物理连续统的特征；但我们尚不知道空间本身有多少维，所以我们必须先来回答另一个问题。

什么是空间中的点？人人都认为自己知道，但那只是幻觉。当我们试图想象空间中的一个点时，我们看到的是白纸上的一个黑点、黑板上的一个粉笔点，即总是一个物体。因此，这个问题应当这样来理解：当我说物体 B 位于先前被物体 A 占据的同一点时，我的意思是什么呢？或者说，什么标准能使我认识到这一点？我的意

① Henri Poincaré , "L'espace et ses trois dimensions," *Revue de métaphysique et de morale* 11 (1903): 281–301 and 407–429; Henri Poincaré, "On the Foundations of Geometry," *The Monist* 9 (1898): 1–43.

思是说，**虽然我没有移动**（这是我的肌肉感觉告诉我的），但我的手指刚才接触了物体 A，现在则在接触物体 B。我也可以使用其他标准，比如另一根手指或视觉，但第一个标准已经足够。我知道，如果它给出肯定的回答，那么所有其他标准都会给出同样的回答。我是从**经验中**知道它的，而不能**先验地**知道它。出于同样理由，我说触觉不能超距地进行，这是陈述同一经验事实的另一种方式；相反，如果我说视觉超距地进行，这意味着视觉提供的标准可能会给出肯定的回答，而其他标准则可能给出否定的回答。[事实上，虽然物体移动了，但它仍然可以在视网膜的同一点留下图像。视觉给出了肯定的反应，物体一直停留在同一点，而触觉则对我的手指给出了否定的反应，我的手指以前接触过这个物体，现在不再接触它了。如果经验告诉我们，一根手指给出否定的反应，而另一根手指给出肯定的反应，那么我们可以说，触觉也可以超距地进行。]①

　　总结一下，我的手指为我身体的每一个姿态确定了一个点，正是这个点，也只有这个点，才定义了空间中的一点。因此，每一个姿态都有一个点相对应，但同一点常常对应于若干不同的姿态（在这种情况下我们说，我们的手指没有移动，但身体的其他部分移动了）。因此，我们区分出了手指不动时的那些姿态变化。我们是如何得出这个结论的？这是因为我们常常注意到，在这些变化中，接触手指的物体始终与手指保持接触。

　　于是，通过我们由此区分的变化之一，让我们将分别导出的所有姿态置于同一个类中。这个类的所有这些姿态将对应于空间中

---

① 　这段话不见于法文第一版。—— 英译者

的同一点。于是，每个类将对应于一个点，每个点将对应于一个类。但也可以说，我们从这一经验中得到的不是点，而是变化类，或者更确切地说，是肌肉感觉的对应类。因此，当我们说空间有三维时，我们的意思仅仅是，这些类的集合在我们看来具有三维物理连续统的特征。

我们也许会得出结论说，正是经验告诉我们空间有多少维。然而实际上，这里我们的经验与空间无关，而与我们的身体及其与邻近物体的关系有关。而且，我们的经验极为粗糙。某些群（李在他的理论中所描述的那些群）的潜在观念已经预先存在于我们的心智中。我们将选择哪个群作为比较自然现象的标准？一旦选择了这个群，我们将采用它的哪个子群来表征空间中的一个点？经验通过向我们表明哪种选择最适合我们身体的属性来指导我们，但它的作用仅限于此。

祖先的经验 [1]

人们常说，虽然个人的经验不能创造几何学，但祖先的经验却并非如此。这是什么意思呢？意思是说，我们无法用实验来证明欧几里得的公设，而我们的祖先却能做到吗？绝非如此。我们的意思是，通过自然选择，我们的心智已经**适应**了外部世界的条件，他们已经采用了对这个物种**最有利**的几何学，或者换句话说，**最有用**的几何学。这与我们的结论完全一致：几何学不是真的，而是有利的。

---

[1]　这一节不见于法文第一版。——英译者

第三部分

力

第六章　经典力学

　　英国人把力学当作一门实验科学来讲授，而在欧洲大陆，力学总是或多或少被当作一门演绎的先验科学来讲授。显然，英国人是正确的；但为什么这种错误思维会被坚持这么久呢？为什么欧洲大陆的思想家们一直试图避免前人的做法，但大多数情况下却没有成功呢？另一方面，如果力学原理仅仅来源于实验，那它们不就只是近似的和暂时的吗？有朝一日，新的实验能否迫使我们修改甚至放弃它们呢？

　　这些都是自然产生的问题，而且很难解决，主要是因为力学论著没有明确区分什么是实验，什么是数学推理，什么是约定，什么是假设。不仅如此：

　　1° 不存在绝对空间，我们只能设想相对运动。然而在大多数情况下，在描述力学事实时，就好像存在一个可以参照的绝对空间似的。

　　2° 不存在绝对时间。说两段时间相等，这本身没有任何意义，只有通过约定才能获得意义。

　　3° 我们不仅对两段时间的相等没有直接的直觉，甚至对发生在不同地点的两个事件的同时性也没有直接的直觉。我在一篇题为《时间的测量》(*La mesure du temps*)[1] 的文章中解释了这一点。

4° 最后，我们的欧几里得几何学本身不过是一种语言的约定。力学事实可以参照一个非欧几里得空间进行表述，非欧几里得空间虽然不像我们的普通空间那样方便，但却同样合理。表述会变得更为复杂，但仍然是可能的。

因此，绝对空间、绝对时间和几何学本身都不是力学的必要条件。所有这些东西并不先于力学，就像法语在逻辑上并不先于用法语表述的真理一样。

我们可以尝试用一种独立于所有这些约定的语言来表述力学的基本定律，这无疑会使我们更好地理解这些定律本身。这正是安德拉德(Andrade)在他的《物理力学教程》(*Leçon de mécanique physique*)[2] 中至少在某种程度上试图做的事情。当然，这些定律的表述将变得更加复杂，因为采用所有这些约定正是为了缩短和简化表述。

至于我，除了绝对空间，则将不去考虑所有这些困难。并非因为我意识不到它们的重要性，而是因为本书前两部分已经对其作了充分考察。于是，我将暂时承认绝对时间和欧几里得几何学。

惯　性　原　理

不受力的作用的物体只能作匀速直线运动。这是一个先验地

---

[1]　*Revue de métaphysique et de morale*, VI: 1–13 (January 1898); 另见 *The Value of Science*, Chapter 2。——英译者

[2]　Jules Andrade, *Leçon de mécanique physique* (Paris: Société d'éditions scientifiques, 1898). ——英译者

强加于我们心智的真理吗？如果是这样，希腊人为何不知道它呢？他们怎么可能认为，运动会随着运动原因的中止而停止呢，以及若无阻碍，物体会作所有运动中最高贵的圆周运动呢？如果我们说，一个物体的速度若没有理由改变就不能改变，那么我们不是也能坚持认为，一个物体的位置或其路径的曲率若无外因的作用就不能改变吗？

惯性原理既非先验真理，那它是实验事实吗？我们曾对不受力的作用的物体做过实验吗？如果做过，我们怎么知道没有力在起作用呢？我们常举的例子是一个球在大理石桌面上滚动很长时间，但我们为什么说它不受任何力的作用呢？是因为它离所有其他物体太远，以至于不受任何明显的作用吗？它离地球还不远，其距离不会超过把它自由地抛到空中时与地球的距离。众所周知，在这种情况下，由于地球的吸引，它会受到重力的影响。

力学教师通常会简略处理球的例子，但会补充说，它的推论间接证实了惯性原理。这种表述很糟糕。他们的意思显然是，我们可以用一个更一般的原理来证实各种推论，惯性原理只不过是该原理的一个特例。

我建议对这个一般原理作如下表述：一个物体的加速度仅仅取决于它和相邻物体的位置和速度。数学家会说，宇宙中所有物质分子的运动都取决于二阶微分方程。

为了说明这实际上是对惯性定律的一种自然推广，我们可以再次诉诸想象。如上所述，惯性定律并非先验地强加于我们；其他定律同样可以与充足理由律相容。如果一个物体不受任何力的作用，我们可以不假定其速度不变，而假定其位置或加速度不变。让我们暂时假定这两个假设的定律之一是自然定律，并用它来取代我们的惯性定律。它的自然推广会是什么？我们稍加思考就会明白。在第一种情况下，我们可以假设一个物体的速度只取决于它和相邻物体的位置，而在第二种情况下，一个物体加速度的变化只取决于它和邻近物体的位置、速度和加速度。或者用数学语言来说，运动的微分方程在第一种情况下为一阶，在第二种情况下则为三阶。

让我们稍微修改一下我们的假设。想象一个与我们太阳系类似的世界，但在那里，所有行星的轨道都碰巧没有偏心率或倾角；我进而假定这些行星的质量太小，它们的相互摄动察觉不到。居住在其中一颗行星上的天文学家将不得不得出结论，天体的轨道只能是圆形的，并且平行于某一平面。于是，天体在给定时刻的位置将足以确定其速度和整个轨道。他们采用的惯性定律将是我刚才提到的两个假设定律中的第一个。

现在想象有一天，一个来自遥远星座的大质量天体以极高的速度穿过这个系统。所有轨道都将受到严重干扰。我们的天文学家不会太过惊讶。他们当然会猜测，整个灾难应当归咎于这个新的天体本身；但他们会说，它一旦过去，秩序就会重建。毫无疑问，行星与太阳的距离不会恢复到灾难之前的样子，但干扰的原因一旦消失，轨道就将再次变成圆形。只有当干扰的天体已经远离，轨道被发现是椭圆而不是圆时，天文学家们才会发现自己的错误，并意识到需要重建整个力学。

我之所以详细论述这些假设，是因为在我看来，只有与相反的假设进行比较，才能正确理解我们推广的惯性定律是什么。那么，这个推广的惯性定律是否已经得到实验证实，以及能否这样证实呢？牛顿在写《原理》时，肯定认为这个真理已由实验获得和证明。他之所以这样认为，不仅是因为我们稍后会谈到的拟人观念，而且也因为伽利略的工作。开普勒定律也证明了这一点。事实上，根据这些定律，行星的路径完全取决于其初始位置和初始速度，这正是我们推广的惯性定律所要求的。由于这个原理只是表面上为真——我们担心某一天必须用我刚才与之对照的一个类似原理来取代它——必定有某种惊人的巧合使我们误入歧途，就像在上述假设情况下，那种巧合使我们想象中的天文学家误入歧途一样。这一假设太过难以置信，不值得认真考虑。没有人会相信存在这种巧合。毫无疑问，在观测误差范围内，两个偏心率都精确等于零的概率，不小于一个偏心率精确等于 0.1、另一个偏心率精确等于 0.2 的概率。一个简单事件的概率不小于一个复杂事件的概率。但若前一事件发生，我们不会把它的发生归于偶然；我们不愿相信大自然在故意欺骗我们。如果不考虑关于这类错误的假设，我们可以承认，就天文学而言，我们的定律已经被实验所证实。

然而，天文学并非物理学的全部。我们难道不担心，某个新实验有朝一日会证伪某个物理学领域中的定律吗？实验定律总有可能被修正，我们总是期待它被更精确的定律所取代。但没有人严肃地认为，我们所讨论的定律会被放弃或修改。为什么？恰恰因为它永远无法得到决定性的检验。首先，为使这种检验完备无遗，宇宙中所有物体最终都必须以其初始速度回到初始位置。然后我们应当看到，它们重新恢复了其初始路径。但这种检验是不可能的；它只能被部分实施，而且无论实施得多么好，总有一些物体不会回到其初始位置。因此，对定律的任何违背都很容易找到现成的解释。

　　此外，在天文学中，我们可以**看到**我们正在研究其运动的物体，而且通常认为，它们不受其他不可见物体的作用。在这些条件下，我们的定律必定要么被证实，要么得不到证实。然而在物理学中，情况并非如此。物理现象如果由运动所引起，那是由我们看不到的分子运动所引起。于是，我们看到的一个物体的加速度，如果除了取决于其他可见物体或我们已经承认其存在的不可见分子的位置或速度，似乎还取决于**另外的东西**，那就没有什么能阻止我们假定，这个**另外的东西**就是我们尚未怀疑其存在的其他分子的位置或速度。定律本身将得到保护。

　　请允许我用数学语言，以另一种形式来表述相同的思想。假设我们正在观察 n 个分子，并发现它们的 3n 个坐标满足 3n 个四阶（而不是惯性定律所要求的二阶）微分方程组。我们知道，通过引入 3n 个辅助变量，3n 个四阶方程组可以归结为 6n 个二阶方程组。于是，如果我们假设这 3n 个辅助变量表示 n 个不可见分子的坐标，那么结果再次与惯性定律相一致。总而言之，在某些特例中被实验证实的这条定律，可以毫不犹豫地扩展到更一般的情况，因为我们知道，在这些一般情况下，实验既不能证实它，也不能反驳它。

加速度定律

　　一个物体的加速度等于作用于它的力除以它的质量。这个定律可以用实验来验证吗？如果可以，我们必须测量该陈述中提到的三个量——加速度、力和质量。我承认加速度是可以测量的，因为我将不考虑时间测量所产生的困难。但如何测量力或质量呢？我们甚至不知道它们是什么。什么是**质量**？牛顿回答说，质量是体积与密度的乘积。汤姆孙（Thomson）和泰特（Tait）回答说，更好的说法是，密度是质量除以体积之商。什么是力？拉格朗日（Lagrange）回答说，力是使物体运动或倾向于使物体运动的东西。基尔霍夫（Kirchhoff）则说，力是质量与**加速度**的乘积。但为什么不说质量是力除以加速度之商呢？这些困难是无法解决的。

当我们说力是运动的原因时，我们是在谈论形而上学；如果我们满足于这个定义，那将绝对徒劳无功。一个定义要想有用，必须教我们如何**测量力**；而这就已经足够，因为它根本没有必要告诉我们力**本身**是什么，以及力是运动的原因还是结果。

因此，我们必须先来定义两个力的相等。我们什么时候可以说两个力相等呢？有人说，当它们赋予同一质量以相同的加速度时，或者当它们沿相反方向起作用而彼此平衡时。这种定义是伪定义。我们不能使施加于一个物体的力脱钩而将它施加于另一个物体，就像我们不能使一节机车脱钩而将它挂到另一列火车上一样。因此我们不可能知道，施加于一个物体的力**如果**施加于另一个物体，会使那个物体产生多大的加速度。我们也不可能知道，并非沿着截然相反的方向起作用的两个力，**如果**沿着截然相反的方向起作用会如何表现。

当我们用测力计或秤来测量一个力时，可以说我们试图实现的正是这个定义。为简单起见，假设两个竖直向上的力 F 和 F′ 分别作用于两个物体 C 和 C′。我把重物 P 先悬挂到物体 C 上，再悬挂到物体 C′ 上。如果这两种情况下都达到平衡，我就断言两个力 F 和 F′ 是相等的，因为它们都等于物体 P 的重量。然而，当我把物体 P 从第一个物体移到第二个物体时，我能确信它保持了同一重量吗？远非如此：**我确信情况恰好相反**。我知道重量的大小在不同的点是不同的，比如在极点就比在赤道更重。毫无疑问，这种差异很小，我们在实践中可以不予考虑；但清晰的定义必须具有数学严格性，而这种严格性并不存在。我关于重量的说法也同样适用于测力计弹簧的力，它会随着温度和其他许多条件的变化而变化。

此外，我们不能说物体 P 的重量施加于物体 C 且与力 F 保持平衡。施加于物体 C 的乃是物体 P 对物体 C 的作用 A。物体 P 一方面受其重量的影响，另一方面受物体 C 对 P 的反作用 R 的影响。最终，力 F 等于力 A，因为它们是平衡的。根据作用与反作用相等的原理，力 A 等于力 R。最后，力 R 等于 P 的重量，因为它们是平衡的。我们由这三个等式推出力 F 等于 P 的重量。

因此，在定义两个力相等时，我们不得不引入作用与反作用相等的原理。**因此，该原理不再能被视为实验定律，而只是一个定义。**

现在我们有两条规则来确定两个力的相等：相互平衡的两个力相等，以及作用与反作用相等。但正如我们看到的，这两条规则并不充分。我们不得不求助于第三条规则，并承认某些力（比如物体的重量）在大小和方向上是恒定的。但正如我所说，这第三条规则是一个实验定律。它只是近似为真：**它是一个糟糕的定义**。

因此，我们回到了基尔霍夫的定义：**力等于质量乘以加速度**。这个"牛顿定律"不再被视为实验定律，而只是一个定义。但这个定义仍然不充分，因为我们不知道什么是质量。这个定义当然能使我们计算在不同时间施加于同一物体的两个力之比，但并没有告诉我们施加于两个不同物体的两个力之比。为了完善这个定义，我们必须再次诉诸牛顿第三定律（作用与反作用相等），它仍被视为一个定义，而不是实验定律。两个物体 A 和 B 相互作用，A 的加速度乘以 A 的质量等于 B 对 A 的作用。同样，B 的加速度乘以 B 的质量等于 A 对 B 的反作用。根据定义，作用等于反作用，所以 A 和 B 的质量分别与它们的加速度成反比。这样便定义了这两个质量之比，并由实验来确证这个比是恒定的。

如果只存在 A 和 B 这两个物体，而且不受其余世界的作用，那么一切都很好。但事实并非如此。A 的加速度不仅源于 B 的作用，而且源于 C、D 等其他许多物体的作用。因此，为了运用前面的规则，我们必须将 A 的加速度分解成许多分量，并查明其中哪个分量源于 B 的作用。

如果我们**假设**，C 对 A 的作用只是简单地加在 B 对 A 的作用上，物体 C 的存在并没有改变 B 对 A 的作用，B 的存在也没有改变 C 对 A 的作用，那么这种分解仍然是可能的；也就是说，如果我们假设任何两个物体相互吸引，其相互作用沿着两者的连线，而且只取决于它们的距离；一句话，如果我们承认**中心力假设**，那么这种分解仍然是可能的。

我们知道，为了确定天体的质量，我们使用了完全不同的原理。引力定律告诉我们，两个物体之间的引力与它们的质量成正比。如果 r 是它们之间的距离，m 和 m′ 是它们的质量，k 是常数，则它们的引力将是 kmm'/r^2。

因此，我们测量的不是质量，即力与加速度之比，而是起吸引作用的质量；不是物体的惯性，而是物体的吸引力。这种测量是一种间接方法，运用它在理论上并非必不可少。我们也许可以说，吸引力与距离的平方成反比，而不与质量的乘积成正比，也就是说等于 f/r^2，而不是等于 kmm'。

　　如果是这样，我们仍然可以通过观测天体的**相对**运动来计算天体的质量。

　　然而，我们有权承认中心力假设吗？这个假设是否严格准确？它绝不会被假设证伪吗？谁敢做出这样的断言？如果我们必须抛弃这一假设，那么辛辛苦苦建立起来的整个大厦就会倒塌。

　　我们不再有权谈论因 B 的作用而产生的加速度 A 的分量。我们无法将它区别于因 C 或另一个物体的作用而产生的加速度。这条规则变得无法适用于质量测量。那么，作用与反作用相等的原理还剩下什么？倘若我们拒绝接受中心力假设，那么这一原理就必须表述成：如果一个系统不受任何外力，那么作用于其各个物体的所有力的几何合力将为零。换句话说，**该系统重心的运动将是匀速直线运动**。

　　这里我们似乎找到了一种定义质量的方法。重心的位置显然取决于质量的值。对这些值的选择必须使重心的运动是匀速直线运动。若牛顿第三定律成立，这将总是可能的，而且一般只有一种方式是可能的。

　　然而，任何系统都不会独立于所有外部作用。宇宙的每一个部分都或多或少地受到其他部分的作用。**重心运动定律只有运用于整个宇宙时才严格为真**。于是，为了获得质量的值，我们必须观察宇宙重心的运动。这个结论的荒谬性是显而易见的。我们只知道相对运动，而永远不会知道宇宙重心的运动。因此，什么东西也没有留下，我们的努力徒劳无功。我们不得不回到以下定义，它不过是承认失败罢了：**质量是为计算方便而引入的系数**。

我们可以通过把不同的值赋予所有质量来重建整个力学。这种新的力学不会与实验或动力学的一般原理（惯性原理、力与质量和加速度成正比、作用与反作用相等、重心的匀速直线运动以及面积原理）相矛盾。但这种新力学的方程**不会非常简单**。需要明确的是，不会非常简单的只是前面一些项，即我们通过实验已经知道的那些项。稍微改变一下质量，也许不会让**整个**方程在简单性上有所增减。

赫兹问，力学原理是否严格为真。他说："在许多物理学家看来，任何进一步的实验都能改变力学不可动摇的原理的任何方面，实验产生的任何东西总能被实验所纠正，这似乎是不可想象的。"

根据我们刚才所说，这些担心似乎是毫无根据的。初看起来，动力学原理像是实验真理，但我们不得不将其用作定义。正是**根据定义**，力等于加速度与质量的乘积；从此以后，这个原理不受未来任何实验的影响。同样，根据定义，任何作用都等于其反作用。

但有人会说，这些无法证实的原理是毫无意义的。实验无法反驳它们，但它们不能告诉我们任何有用的东西。那么，研究动力学有什么用呢？这种轻率的谴责是相当不公平的。在大自然中，没有任何系统是**完全孤立**的，可以完全不受任何外部作用的影响，但存在一些近乎孤立的系统。通过观察这样一个系统，我们不仅可以研究其各个部分之间的相对运动，还可以研究其重心相对于宇宙其他部分的运动。然后我们发现，这个重心的运动**近似**于匀速直线运动，这与牛顿第三定律[①]相一致。

[①]　庞加莱似乎是指第一定律，这也符合下一句所说的它是一个实验定律。——英译者

　　这是一个实验真理，但它不可能被实验所反驳。事实上，一个更精确的实验会告诉我们什么呢？它会告诉我们，定律只是近似为真，这是我们已经知道的。**我们现在理解了实验如何可以充当力学原理的基础，但永远无法反驳这些原理。**

拟 人 力 学

　　有人会说，基尔霍夫只是遵循了数学家们对待唯名论的一般倾向。他作为物理学家的技能并没有使他免于这一倾向。他希望对力进行定义，并且接受了用得上的第一个命题。但我们并不需要定义力。力是一种原始的、不可还原的、无法定义的概念。我们都知道它是什么，对它有直接的直觉。这种直接的直觉来自我们从小就熟悉的努力的概念。

　　然而，即使这种直接的直觉让我们明白了力本身的真正本性，它也将是力学的不够充分的基础，而且是完全无用的。重要的不是知道力是什么，而是知道如何测量它。任何不能告诉我们如何测量它的东西，对于研究力学的物理学家来说都是无用的，就像热和冷的主观概念对于研究热的物理学家来说是无用的一样。这个主观概念无法以数的形式表现出来，因此没有用处。即使科学家的皮肤是热的绝对不良导体，因此他永远感觉不到冷或热，他也能和其他人一样读温度计，拥有足够的材料构建整个热理论。

　　然而，我们不能用这个直接的努力的概念来测量力。例如，我举起50公斤的重物显然要比一个习惯于搬运重物的人感觉更累。此外，这个努力概念并没有告诉我们力的真正本性。归根结底，它不过是对肌肉感觉的记忆罢了。没有人会坚持认为，太阳在吸引地球时体验到了肌肉感觉。

我们希望找到的只是一种符号，它比几何学家使用的（指示方向的）箭头更不精确，更不实用，但离现实同样遥远。拟人论在力学的起源中发挥着重要的历史作用。它也许会为我们提供一种对某些人似乎有用的符号，但并不能作为任何真正科学性或哲学性的东西的基础。

"线学派"

在《物理力学教程》中，安德拉德使拟人力学恢复了生机。他将一个奇特的所谓"线学派"与基尔霍夫所属的力学学派相对立。该学派试图把一切事物归结为"对质量可忽略的某些物理系统的研究，这些物理系统被认为处于张力状态，能向遥远物体（理想类型是线的那些系统）传递很大张力"。[①] 在这种力的作用下，传递任何力的线都会略微伸长。线的方向告诉我们力的方向，力的大小由线的伸长来度量。

我们可以想象这样一个实验：物体 A 系在一根线上，在线的另一端施加一个力，改变这个力，直到线伸长 α，然后记录物体 A 的加速度。分开 A，将物体 B 系在同一根线上，重新施加这个力或另一个力，改变它，直到线再次伸长 α，然后记录物体 B 的加速度。

---

① Jules Andrade, "Deux écoles en mécanique," *Revue de physique et de chimie et de leur applications industrielles* (1896–1897, no. 10): 468.

对物体 A 和物体 B 重复进行实验，直到线伸长 β。观察到的四个加速度应当成比例。这样一来，我们就对上述加速度定律作了实验验证。或者，我们可以让一个物体同时受到张力相同的若干线的作用，并用实验来确定物体保持平衡时这些线的方向。这样就对力的合成法则作了实验验证。

可是，我们到底做了什么呢？我们定义了线因形变而受的力，这是非常合理的。然后我们假设，如果一个物体系在这根线上，那么线传递给该物体的张力等于该物体对线施加的作用。事实上，我们使用了作用与反作用相等的原理，不是作为实验真理，而是作为力的定义本身。

这个定义和基尔霍夫的定义一样是约定的，但远非那么一般。并非所有力都由线传递（而且为了比较它们，它们都必须由相同的线传递）。即使承认地球通过一条看不见的线系在太阳上，我们也至少会同意，我们无法测量它的伸长。因此，我们的定义十有八九无法胜任。我们无法赋予它任何意义，而不得不求助于基尔霍夫的定义。

那么，为什么要费这个周折呢？你接受力的某个定义，这个定义只在某些特定情况下才有意义。在这些情况下，你用实验验证了它会导向加速度定律。凭借这个实验的力量，你把加速度定律视为所有其他情况下力的定义。把加速度定律视为所有情况下的一个定义，不是把这些实验看成对该定律的验证，而是看成对反作用原理的验证，或者证明了弹性物体的形变只取决于该物体所受的力，难道不是更简单吗？你的定义可以被接受的条件不可能完全满足，一条线永远不会没有质量，除了系于其末端的物体的反作用，也永远不会不受所有其他力的作用，这些因素都没有考虑在内。

不过，安德拉德的想法仍然非常有趣。它们虽然不能满足我们的逻辑要求，但却有助于我们更好地理解力学基本概念的历史起源。它们提出的思考向我们表明，人的心智是如何从一种幼稚的拟人论发展到当前的科学概念的。我们开始时看到了一种非常特殊的、事实上相当粗糙的经验，最后则看到了一条非常一般的、完全精确的定律，我们认为它是绝对确定的。可以说，我们通过将其视为一种约定而把这种确定性自由地赋予了它。

那么，加速度定律和力的合成法则仅仅是任意的约定吗？约定，是的；任意，非也。如果我们忽视了使力学创始人接受这些定律的实验，这些实验虽然并不完美，但足以证明这些定律的合理性，那它们就是任意的。我们不妨经常使我们的注意力回到这些约定的实验起源。

第七章　相对运动和绝对运动

相对运动原理

　　人们已经尝试将加速度定律与更一般的原理联系起来。任何系统的运动都必须服从相同的定律，无论是相对于固定的参照系，还是相对于作匀速直线运动的参照系。这就是相对运动原理，我们之所以认为它是必然的，有两个理由：第一，最普通的经验确证了它；第二，心智特别不愿接受相反的假设。

　　于是，让我们接受这个原理，并考虑一个受力物体。如果从静止开始，那么相对于一个以该物体的初始速度作匀速运动的观察者，该物体的相对运动应与其绝对运动相同。我们得出结论说，它的加速度不可能依赖于它的绝对速度，有些人甚至试图由此导出对加速度定律的证明。尽管这种尝试是徒劳的，但这种证明的痕迹长期存在于法国高中科学课程中。使我们无法证明加速度定律的障碍在于，我们没有力的定义。这个障碍仍然存在，因为所援引的原理没有为我们提供缺失的定义。

　　尽管如此，相对运动原理仍然非常有趣，值得为其本身而研究。让我们尝试以精确的方式表述它。前面说过，属于孤立系统的不同物体的加速度只取决于它们的相对速度和位置，而不取决于它们的绝对速度和位置，只要相对运动的参照系作匀速直线运动。或者也可以说，它们的加速度只取决于它们的速度差和坐标差，而不取决于这些速度和坐标的绝对值。如果这一原理适用于相对加速度，或者更确切地说适用于加速度之差，那么将它与反作用定律结合起来，我们可以推出它也适用于绝对加速度。

我们如何能够证明加速度之差只取决于速度差和坐标差，或者用数学语言来说，这些坐标差满足二阶微分方程，仍然有待观察。这种证明能从实验或先验的思考中推导出来吗？回想一下前面的内容，读者可以自行给出回答。事实上，这样表述的相对运动原理与我前面所谓推广的惯性原理非常相似，尽管并不完全相同，因为它是坐标差的问题，而不是坐标本身的问题。因此与旧原理相比，新原理告诉了我们更多的东西，但同样的讨论也适用于它，并将引出同样的结论。我们无需进行重复。

牛 顿 的 论 点

这里我们遇到了一个非常重要、甚至令人有些不安的问题。我说过，对我们来说，相对运动原理不仅是实验的结果，而且从先验的角度讲，任何相反的假设都是心智所不愿接受的。那么，为什么只有当参照系作匀速直线运动时，这个原理才为真呢？对我们来说，如果这个运动变化了，或如果就变成了匀速转动，它似乎都应该是必然的。然而，这一原理在这两种情况下都不为真。

我不必详述参照系作直线运动但非匀速的情况。这个矛盾经不起片刻的考察。如果我坐在火车车厢里，火车撞到某个障碍物而突然停下来，那么尽管我没有直接受到任何力的作用，我也会被弹向对面的座位。这没有什么神秘的。虽然我没有受到任何外力的作用，但火车受到了外部撞击。当外因改变了两个物体中某一个的运动时，被扰动的两个物体的相对运动并无矛盾可言。

我也不必详述匀速转动参照系下的相对运动。如果天空总被云层覆盖，即使我们没有观测天体的手段，我们也仍然能够得出地球转动的结论。地球在极点处变得扁平或者傅科摆实验会提醒我们注意这个事实。然而在这种情况下，说地球转动有什么意义吗？如果绝对空间不存在，一个东西能不相对于某个东西转动吗？此外，我们如何能够接受牛顿的结论并相信绝对空间呢？

但仅仅指出所有可能的解决方案都同样令人感到不满，这是不够的。为了做出明智的选择，我们必须在每一种情况下分析我们不满的理由。因此，请允许我进行以下冗长的讨论。

让我们回到我们想象中的情况：浓密的云层遮掩了星星，人们无法进行观察，甚至不知道它们的存在。这些人将如何知道地球在转动呢？他们无疑会比我们的祖先更坚定地认为，他们所站立的大地是固定不动的。要使一位哥白尼出现，他们需要等待的时间要比我们长得多，但这位哥白尼最终会出现。他会怎样出现呢？

首先，这个世界的物理学家不会碰到一个绝对的矛盾。在相对运动理论中，除了真实的力，我们还遇到了两种虚构的力，即所谓的离心力和科里奥利力。[1] 于是，通过把这两种力看成真实的力，

---

[1] 在法文第一版中，庞加莱仿照科里奥利称这两种力为"普通离心力和复合离心力"（1917: 139）。——英译者

我们想象中的科学家可以解释一切，他们认为这与推广的惯性原理并不矛盾，因为这些力将分别依赖于系统各个部分的相对位置（比如真实的吸引力）和相对速度（比如真实的摩擦力）。

然而，许多困难很快就会引起他们的注意。如果他们成功地建立了一个孤立系统，该系统的重心将不会有一个近似直线的路径。为了解释这个事实，他们可以诉诸离心力和科里奥利力，他们会认为这些力是真实的，而且无疑会将它们归因于物体的相互作用。然而，他们并不认为这些力会在远距离处（也就是随着系统变得更加孤立）消失。远非如此，离心力随着距离的增加而无限增加。

这个困难在他们看来已经非常严重，但不会耽搁他们很长时间。他们很快就会设想某种类似于我们以太的非常精细的介质，所有物体都浸没其中，并对它们产生排斥作用。

此外，空间是对称的，但运动定律并未呈现对称性，需要区分左和右。例如，气旋总是朝着同一个方向旋转，尽管由于对称性，它们朝哪个方向旋转是一样的。如果我们的科学家通过自己的努力使其宇宙变得完全对称，那么这种对称性将不会持续下去，尽管没有明显的理由解释为什么它应该朝一个方向而不是朝另一个方向摇摆。

毫无疑问，他们会摆脱这种困境。他们会发明某种和托勒密的水晶天球同样异乎寻常的东西，这样继续积累复杂性，直到期待已久的哥白尼将它们一扫而光，宣称假设地球转动要简单得多。

正如我们的哥白尼对我们说的那样，"假设地球转动更方便，因为那样一来，天文学定律可以用更简单的语言来表述"，这位哥白尼也会对他们说，"假设地球转动更方便，因为那样一来，力学定律可以用更简单的语言来表述"。

尽管如此，绝对空间（即为了知道地球是否真的转动而必须参照的基准）并无客观存在性。因此，断言"地球转动"毫无意义，因为它永远无法被任何实验所证实。这样一个实验不仅无法被最大胆的儒勒·凡尔纳（Jules Verne）实现和想象，甚至无法设想它而不陷入矛盾。或者换句话说，"地球转动"和"假设地球转动更方便"这两个命题有同样的含义。一个命题并不比另一个命题包含更多的东西。

他们也许对此并不满意，认为在就这一主题可以做出的所有假设或约定中，有一个假设或约定比其他更方便，这实在令人惊讶。但既然在天文学定律的情况下我们已经欣然承认这一点，那么在力学定律的情况下我们为什么要反对它呢？

我们已经看到，物体的坐标是由二阶微分方程决定的，这些坐标之差也是如此。这就是我们所谓的推广的惯性原理和相对运动原理。如果这些物体之间的距离同样是由二阶方程决定的，那么心智似乎应当完全感到满意。心智在多大程度上达到了这种满意？为什么对它不满意呢？

为了解释这一点，最好举个简单的例子。假定有一个类似于我们太阳系的系统，但那里看不到这个系统之外的任何恒星，因此天文学家只能观测行星与太阳的相互距离，而不能观测行星的绝对经度。如果我们由牛顿定律直接导出确定这些距离变化的微分方程，那么这些方程将不是二阶的。我的意思是，如果除了牛顿定律，我们还知道这些距离及其时间导数的初始值，我们将不足以确定这些距离在未来某一时刻的值。我们仍然缺少一些数据，比如天文学家所谓的面积常数。

不过，这里可以从两种不同的观点来看。我们可以区分两种常数。在物理学家看来，世界可以归结为一系列现象，它们一方面只依赖于最初的现象，另一方面则依赖于将后项与前项联系起来的定律。因此，如果观测表明某个量是常数，我们可以从两个角度来看待它。一方面，我们假设存在一个定律，它要求这个量不能变化，不过在初始时刻，它偶然是这个值而不是另一个值，而且从那以后一直保持这个值。于是，这个量可以称为**偶然**常数。另一方面，我们假设存在一个自然定律，它将这个值而不是另一个值赋予这个量。于是我们就有了一个所谓的**本质**常数。例如，根据牛顿定律，地球的公转周期必定是常数。但如果它等于 366 个恒星日多一点，而不是 300 个或 400 个恒星日，那么这是出于最初的某种偶然。它是一个偶然常数。另一方面，如果引力表达式中距离的幂等于 -2 而不等于 -3，那么这并非偶然，而是因为牛顿定律的要求。它是一个**本质**常数。

我不知道以这种方式赋予偶然以作用是否合理，或者我这种区分是否在某种程度上是人为的。但至少可以肯定，只要大自然有秘密，她对这些秘密的运用就会是完全任意的，而且总是不确定的。

至于面积常数，我们习惯于认为它是偶然的。我们想象中的天文学家肯定也会这样认为吗？他们如果能对两个不同的太阳系进行比较，就会认为这个常数可能有许多不同的值。但我一开始就假定他们的系统似乎是孤立的，他们看不到系统以外的任何星体。在这些条件下，他们只可能发现唯一的常数，它具有绝对不变的唯一的值。他们无疑会把它看成一个本质常数。

为了预先阻止反驳，请允许我插句话。这个想象世界中的居民既不能像我们一样观测，也不能像我们一样定义面积常数，因为他们观测不到绝对经度；但这并不妨碍他们很快意识到可以将某个常数自然地引入他们的方程，它就是我们所谓的面积常数。但那样一来会发生什么？如果面积常数被视为本质常数，依赖于自然定律，那么为了计算行星在任一时刻的距离，只需要知道这些距离的初始值及其一阶导数的初始值。根据这种新观点，距离将由二阶微分方程来确定。

然而，这会让这些天文学家完全满意吗？我并不这样认为。首先，他们很快就会发现，对其方程进行微分以提高其阶数，这些方程会变得简单得多。特别是，对称性所引出的困难会让他们感到困惑。根据所有行星呈现的形状是某个多面体还是正多面体，他们不得不采用不同的定律，只有将面积常数看成偶然的，才能避免这些后果。

我之所以选择这个特殊的例子，是因为我想象天文学家根本不会关心地界力学，他们的视野仅限于太阳系。但我们的结论适用于所有情况。我们的宇宙比他们的宇宙更广阔，因为我们有恒星；但它也非常有限，因此我们可以对我们的整个宇宙进行推理，就像这些天文学家对他们的太阳系进行推理一样。

于是我看到，我们最终可以得出结论说，确定距离的方程是高于2阶的。这为什么会让我们感到惊讶呢？为什么我们觉得一系列现象依赖于这些距离一阶导数的初始值是很自然的，但又不愿承认它们可能依赖于二阶导数的初始值呢？这只能是因为我们持续研究推广的惯性原理及其推论而形成的心理习惯。

任一时刻的距离值都依赖于它们的初始值、一阶导数的值以及别的东西。这个**别的东西**是什么？如果我们不希望它仅仅是二阶导数之一，我们就只能选择假设了。正如我们通常所做的那样，假设这个别的东西是宇宙在空间中的绝对方向，或者这个方向变化的速度。对几何学家来说，这可能是而且肯定是最方便的解决方案，但对哲学家来说，这并不是最令人满意的，因为这个方向不存在。也许可以假定，这个别的东西是某个看不见的物体的位置或速度；有些人正是这样做的，他们甚至称这个物体为"阿尔法体"（body Alpha）[1]，尽管除了它的名字，我们注定对它一无所知。这是一种技巧，它完全类似于我讨论惯性原理的那一段结尾所说的技巧。但事实上，这个困难是人为的。只要我们仪器的未来读数只能依赖于它们以前已经给予或可能给予我们的读数，那么这就是我们所需的一切，就此而言，我们可以安心了。

---

① 卡尔·诺依曼（Carl Neumann）于 1870 年引入了"阿尔法体"作为一种想象的、固定的普遍参考点。参见 Carl Neumann, *Über die Prinzipien der Galilei-Newtonschen Theorie* (Leipzig: Teubner, 1870)。——英译者

第八章 能量和热力学

能 量 学

经典力学所提出的困难导致某些思想家倾向于一种新的体系，他们称之为**能量学**。能量学起源于能量守恒原理的发现，亥姆霍兹赋予了它最终形式。我们先来定义在这个理论中起基础作用的两个量，即**动能**或**活力**以及**势能**。

自然物所能发生的一切变化都服从两条实验定律：

1° 动能与势能之和为常数。这是能量守恒原理。

2° 如果一个物体系统在 t_0 时刻处于位置 A，在 t_1 时刻处于位置 B，则它总是沿这样一条路径从第一个位置移到第二个位置，使得在 t_0 时刻与 t_1 时刻的时间间隔内，这两种能量之差的平均值尽可能小。这是哈密顿原理，它是最小作用原理的形式之一。

与经典理论相比，能量学有以下优点：

1° 它较为完备，也就是说，能量守恒原理和哈密顿原理不仅告诉了我们经典理论的基本原理，而且还排除了自然中不存在但与经典理论相容的一些运动。

2° 它使我们摆脱了在经典理论中几乎不可避免的原子假设。

但能量学也带来了新的困难。两种能量的定义所引出的困难几乎不亚于第一个系统中力和质量的定义所引出的困难。但我们更容易摆脱这些困难，至少在最简单的情况下是如此。

假设一个由一定数量的物理点所组成的孤立系统。假设这些点受到的力只依赖于它们的相对位置和相互距离，而与它们的速度无关。根据能量守恒原理，力函数必定存在。

在这种简单的情况下，能量守恒原理的表述非常简单。某个可由经验确定的量必须保持恒定。这个量是两项之和：第一项只依赖于物理点的位置，而与它们的速度无关；第二项与这些速度的平方成正比。这种分解只能以一种方式进行。

第一项是势能，我称之为 U。第二项是动能，我称之为 T。诚然，若 T+U 是常数，则 T+U 的任何函数 φ(T+U) 也将是常数。但这个函数 φ(T+U) 将不是两项之和，一项与速度无关，另一项与这些速度的平方成正比。在这些保持恒定的函数中，只有一个函数具有这种性质，即 T+U（或 T+U 的线性函数，这归根结底是一回事，因为通过改变单位和原点，这个线性函数总能归结为 T+U）。于是，这就是我们所谓的能量。我们将称第一项为势能，称第二项为动能。因此，这两种能量可以明确得到定义。

质量的定义也是如此。我们可以很简单地借助于所有物理点的质量和相对于它们之一的相对速度来表述动能或活力。这些相对速度是可以观察的，一旦我们有了作为这些相对速度之函数的动能表达式，这个表达式的系数就会给出质量。

因此，在这种简单的情况下，可以毫无困难地定义基本概念。然而，在更为复杂的情况下，当力不仅依赖于距离而且也依赖于速度时, 困难会再次出现。例如, 韦伯(Weber)假设两个电分子的相互作用不仅依赖于它们的距离, 而且也依赖于它们的速度和加速度。如果物理点按照类似的定律相互吸引, 那么 U 将依赖于速度, 而且可能包含一个与速度的平方成正比的项。

在这些与速度平方成正比的项中, 我们如何区分来自 T 的项和来自 U 的项呢? 如何区分能量的两个部分呢? 此外, 我们如何定义能量本身呢? 当刻画 T+U 的性质(即为特定形式的两项之和)消失时, 我们就不再有任何理由将 T+U 而不是 T+U 的任何其他函数当作定义。

此外, 我们不仅要考虑严格意义上的机械能, 还要考虑其他形式的能量: 热能、化学能、电能, 等等。能量守恒原理应当写成 T+U+Q= 常数, 其中 T 表示可觉察的动能, U 表示只依赖于物体位置的势能, Q 表示热能、化学能或电能形式的分子内能。

如果这三项完全不同, 如果 T 与速度的平方成正比, U 与这些速度和物体的状态无关, Q 与物体的速度和位置无关, 而只与物体的内部状态有关, 那么一切都很好。能量表达式只能以一种方式分解为这种形式的三项。

但情况并非如此。考虑带电体。因其相互作用而产生的静电能显然依赖于它们的电荷, 也就是说依赖于它们的状态; 但静电能也依赖于它们的位置。若这些物体在运动, 则它们彼此之间将产生电动力学作用, 电动能量将不仅依赖于它们的状态和位置, 而且依赖于其速度。因此, 我们没有任何方法将应当是 T、U 和 Q 一部分的项分开, 或者将能量的三个部分分开。

如果(T+U+Q)是常数, 那么任何函数 φ(T+U+Q)也是常数。

如果 T+U+Q 具有我上面考虑的特定形式，那么结果将会非常明确。在保持恒定的函数 ϕ（T+U+Q）中，只有一个函数具有这种特定形式，我同意将这个函数称为能量。但正如我所说，严格来说情况并非如此。在保持恒定的函数中，没有一个函数能够精确符合这种特定形式。那么，如何从这些函数中选择一个应被称为能量的函数呢？没有什么东西能够指导我们的选择，关于能量守恒原理，只剩下一种表述：**有某种东西保持恒定。**而在这种形式下，它又超出了实验所及的范围，沦为一种同义反复。显然，如果世界受定律支配，那么将有某些量保持恒定。和牛顿定律一样，出于类似的理由，能量守恒原理虽以实验为基础，但不再能因实验而失效。这一讨论表明，在从古典系统向能量系统的过渡中取得了进展，但它同时也表明，这一进展还不够。

在我看来，另一种反对意见更加严重：最小作用原理适用于可逆现象，但不太适用于不可逆现象。亥姆霍兹试图将它扩展到这类现象，但没有成功，也不可能成功。在这方面还有许多工作要做。

最小作用原理的表述本身就容易招人反对。必须在一个面上移动的、不受任何力作用的物理分子，将沿测地线也就是最短路径从一点走到另一点。这个分子似乎知道我们想让它到哪里，似乎能够预测沿某一条路径到达那里所需的时间，然后选出最合适的一条路径。可以说，这一表述把分子描述成了一种有生命的自由生物。显然，最好用一个不那么招人反对的表述来代替它，在这种表述中，正如哲学家所说，目的因似乎无法取代动力因。

热 力 学 [①]

随着时间的推移, 热力学的两个基本原理在自然哲学所有分支中的作用变得越来越重要。现在, 我们正在放弃 40 年前充满了分子假说的雄心勃勃的理论, 试图把数学物理学的整个大厦仅仅建立在热力学的基础之上。迈尔(Mayer)和克劳修斯(Clausius)的两个原理能保证热力学的基础牢固到足以持续一段时间吗? 没有人怀疑这一点, 但我们这种信心来自哪里呢?

关于误差定律, 曾有一位著名的物理学家告诉我: 每个人都坚信它, 因为数学家认为它是观测事实, 而观测家则认为它是数学定理。长期以来, 能量守恒原理也是如此。今天的情况已不再是这样, 人人都承认这是一个实验事实。

那么, 我们有什么权利认为这条原理本身比用来证明它的实验更加一般和精确呢? 这就等于问, 推广经验材料是否合法, 就像我们每天做的那样。在这么多哲学家试图解决这个问题而徒劳无功之后, 我不会如此愚勇地讨论这个问题。只有一件事是确定的: 倘若我们不具备这种能力, 科学就不可能存在, 或至少会沦为一种目录清单, 沦为对孤立事实的记录, 这样科学对我们就不再有任何价值, 因为它无法满足我们对秩序与和谐的需要, 同时也无法做出预测。由于任何事件之前的情况可能永远也不会同时复现, 所以我们需要一种初步推广, 以便预测当这些情况哪怕有最微小的变化时,

---

① 下面几段话部分出自我的著作《热力学》(*Thermodynamique*)的序言。

这一事实是否会再次发生。

　　然而，每一个命题都能以无数种方式进行推广。我们必须从所有可能的推广中做出选择，而且只能选择最简单的一个。因此，我们不得不采取同一做法，就好像在其他条件相同的情况下，简单的定律比复杂的定律更有可能一样。半个世纪之前，人们坦率承认了这一点，宣称大自然喜欢简单性。但从那以后，大自然提供了太多相反的证据。如今，我们已经不再承认这种观念，而只保留了它必不可少的一小部分，以使科学不致变得不可能。在表述一个基于显示出某些偏差的少数实验的简单而精确的一般定律时，我们只是遵从了人类心智所无法摆脱的一种必然性罢了。

　　然而，还有一些事情促使我进一步探讨这个问题。没有人怀疑，由个别定律导出的迈尔原理会比这些定律更长命，就像由开普勒定律导出的牛顿定律会比开普勒定律更长命一样。如果考虑扰动，那么这些定律都只是近似。那么，为什么迈尔原理在物理定律中占据着如此优先的地位呢？有许多理由。首先是因为我们相信，如果不承认永恒运动的可能性，我们就不能拒绝它，甚至不能质疑它的绝对严格性。当然，我们对这种前景表示怀疑，认为肯定迈尔原理要比否定迈尔原理更谨慎。这也许并不完全正确，因为永恒运动的不可能性会导致能量守恒只对可逆现象才成立。

　　迈尔原理的显著简单性也有助于增强我们的信念。在一个直接由实验导出的定律比如马略特（Mariotte）定律中，这种简单性反而会被视为质疑它的理由。不过，我们这里的情况有所不同。我们看到，一些初看起来毫无关联的要素，以意想不到的次序排列成一个和谐的整体。我们不能相信这种出乎预料的和谐仅仅是偶然的结果。我们为战利品花费的气力越大，它对我们的价值就越大，或者说，大自然越是小心翼翼地阻止我们发现她的真正秘密，我们就越是确信从她那里攫取了真正的秘密。

然而，这些都只是很小的理由。为把迈尔定律提升为绝对原理，需要进行更深入的讨论。不过当我们试图进行这样的讨论时，我们发现这一绝对原理并不容易表述。在每一种特殊情况下，我们都能清楚地看到能量是什么，至少能对它做出临时定义，但不可能做出一般定义。如果我们希望表述该原理的所有一般性，并将它应用于宇宙，我们就会看到它消失了，除了**有某种东西保持恒定**，什么也没有留下。

但这有什么意义吗？根据决定论假设，宇宙的状态是由数目巨大的 n 个参数决定的，我称之为 x_1, x_2, ……, x_n。一旦这些参数在给定时刻的值已知，就可以知道它们的时间导数，然后可以计算这些参数在较早或较晚时刻的值。换句话说，这 n 个参数满足 n 个一阶微分方程。这些方程有 n-1 个积分，因此有 x_1, x_2, ……, x_n 的 n-1 个函数保持恒定。如果我们说**有某种东西保持恒定**，那只是在同义反复罢了。我们甚至很难说，在所有这些积分中，哪一个应当保留能量的名字。

此外，当迈尔原理被应用于一个有限的系统时，我们并不是在这个意义上理解迈尔原理的。在这种情况下，我们承认 n 个参数中有 p 个是独立变化的，因此在我们的 n 个参数及其导数之间只有 n-p 个关系，它们一般是线性的。为简单起见，假设外力所作的功的总和为零，向外界散发的热量也为零。于是，我们原理的含义就是：**第一项是精确微分的这 n-p 个关系存在一种组合**；于是，根据我们的 n-p 个关系，这个微分方程为零，所以它的积分是一个常数，我们把这个积分称为能量。

但是，如何才能使许多参数独立变化呢？只有在外力的影响下，这种情况才能发生（不过为简单起见，我们已经假设这些力所作的功的代数和为零）。事实上，如果系统完全不受任何外部作用，那么只要我们仍然坚持决定论假设，n 个参数在给定时刻的值将足以使我们确定系统在以后任一时刻的状态。因此，我们又面临着和以前一样的困难。

如果系统的未来状态并不完全取决于其当前状态，那是因为它还取决于系统之外物体的状态。然而，是否可能存在与决定系统状态的参数 x 有关的方程独立于外部物体的状态呢？如果在某些情况下，我们认为能够找到这样的方程，那么这是否不仅是因为我们的无知，而且也因为这些物体的影响太弱，无法被我们的实验检测到呢？

如果系统不被视为完全孤立，那么系统内能的绝对精确的表达式可能会依赖于外物的状态。我在前面同样假设外功之和为零，要想摆脱这种相当人为的限制，系统内能方程会变得更难表述。为了表述迈尔原理并赋予它以绝对意义，我们必须将其扩展到整个宇宙，我们将再次面临我们试图避免的困难。

用日常语言来总结，能量守恒定律只能有一种含义，即所有可能性都有一种共同性质。但在决定论假设下只存在一种可能性，因此该定律没有任何意义。而在非决定论假设下，即使我们试图从绝对意义上来理解它，它也有意义。这似乎是对自由的一种限制。

但这个词提醒我，我正在远离主题，正在离开数学和物理学的领域。因此我将就此止步，希望从整个讨论中只保留一个印象，即迈尔定律的形式相当灵活，我们几乎可以把它理解成任何样子。我并不是说它不符合任何客观实在，也不是说它只能归结为同义反复，因为在每一种特定情况下，只要我们不试图达到绝对，它都有一个非常明确的含义。这种灵活性是人们相信它将长期存在的一个理由。此外，它的消失只会融入更高的和谐，所以我们可以自信地用它来工作，预先确信我们的努力不会白费。

我刚才所说的几乎一切都适用于克劳修斯原理。使之与众不同的是，它是用不等式来表述的。有人也许会说，所有物理定律都是如此，因为它们的精度总是受到观测误差的限制。但它们至少声称是一级近似，我们希望用越来越精确的定律逐步取代它们。如果克劳修斯原理被归结为一个不等式，那并非因为我们的观测手段不完善，而是因为这个问题的本质。

第三部分的一般结论

因此，力学原理以两种不同形式呈现给我们。一方面，它们是建立在经验基础上的真理，而且就准孤立系统而言在很大程度上得到了证实。另一方面，它们是适用于整个宇宙的公设，被认为严格为真。

如果这些公设具有一般性和确定性，而引出它们的实验真理反倒缺乏这些性质，那是因为它们最终可以归结为纯粹的约定，我们之所以有权做出这些约定，是因为我们事先确信实验不会与之相矛盾。然而，这种约定并不是完全任意的，也不是一时兴起的结果。我们承认它，是因为一些实验表明它是有用的。

由此便可以说明，实验如何能够建立力学原理，但又不能推翻它们。试与几何学相比较。几何学的基本命题，例如欧几里得的公设，不过是些约定而已。问它们是真是假，就像问米制是真是假一样荒谬。只不过这些约定是有用的，就像某些实验表明的那样。

初看起来，这一类比很完备；在这两种情况下，实验的作用似乎是相同的。因此我们不禁会说，要么必须把力学看成一门实验科学，几何学也是如此，要么恰恰相反，必须把几何学看成一门演绎科学，力学也是如此。

这样一个结论是不合理的。使我们认为几何学的基本约定更有用的实验所涉及的对象与几何学研究的对象毫无共同之处。它们涉及刚体的性质和光的直线传播。它们是力学实验、光学实验，而决不能被看成几何实验。事实上，几何学在我们看来之所以有用，主要原因在于，我们身体的各个部位、我们的眼睛、四肢都具有刚体的性质。由此看来，我们的基础实验在很大程度上都是生理学实验，它们并不涉及几何学家必须研究的对象即空间，而是涉及几何学家的身体，即被用于这一研究的仪器。相反，力学的基本约定和证明它们有用的实验则涉及完全相同的对象或类似的对象。约定的一般原理乃是对实验的特殊原理的自然而直接的推广。

不用说，我是在描绘各门科学之间的人工边界，我在用一道屏障将严格意义上的几何学与刚体研究分开，我也可以在实验力学与一般原理的约定力学之间设置一道屏障。事实上，通过将这两门科学分开，我将从根本上改变这两门学科，而约定力学被孤立后所留下的可怜部分，绝对无法与这门被称为几何学的高超学问相媲美，这一点谁会看不到呢？

我们现在明白了为什么力学教学必须始终是实验的。只有这样，它才能使我们理解这门科学的起源，这对于完整地理解力学本身是必不可少的。此外，如果我们研究力学，那是为了应用它；只有它保持客观，我们才能应用它。现在，正如我们所看到的，这些原理在一般性和确定性方面有所得时，在客观性方面就有所失。因此，我们必须尽早熟悉这些原理的客观方面，只有从特殊到一般，而不是相反，才能做到这一点。

原理是变相的约定和定义。然而，它们是从实验定律中导出的，可以说，这些定律已经提升为被我们心智赋予绝对价值的原理。

一些哲学家过于笼统地认为，原理就是科学的全部，因此整个科学都是约定的。这种被称为唯名论的悖谬学说是经不起详查的。

　　定律如何能够成为原理呢？它表达了两个实项 A 和 B 之间的一种关系，但它并非严格为真，而只是近似的。我们任意引入一个或多或少虚构的中间项 C，**根据定义**，C 与 A 的关系正是用定律表示的关系。于是，我们的定律分解成了两部分：一个是绝对而严格的原理，表明 A 与 C 的关系，另一个是近似的可修改的实验定律，表明 C 与 B 的关系。显然，无论这种分解推得有多远，总会有一些定律留下来。

　　现在，我们将进入严格意义上的定律的领域。

第四部分

自　　然

第九章 物理学中的假设

实验和推广的作用

实验是真理的唯一来源。只有实验能教给我们新的东西，只有它能给我们确定性。这两点谁也不能否认。然而，如果实验就是一切，数学物理学的位置何在呢？实验物理学会如何应对这样一个似乎无用甚至危险的助手呢？

然而，数学物理学是存在的。它提供了无可否认的作用，这是一个需要解释的事实。仅有观察是不够的，我们必须运用我们的观察，为此我们必须进行推广。这正是人们一直在做的事情，只是由于对过去错误的记忆，人们才变得越来越谨慎，我们观察的越来越多，推广的越来越少。每一个时代都嘲笑它之前的时代，指责它推广得过于鲁莽和天真。笛卡尔曾对爱奥尼亚人表示同情，而他本人又让我们发笑。毫无疑问，我们的孩子有一天也会嘲笑我们。

我们就不能直达问题的要旨，从而避免我们所预见的嘲笑吗？我们就不能只满足于实验吗？不，这是不可能的。这将完全误解科学的真正特征。科学家必须用方法来工作。科学是用事实建立起来的，就像房子是用石头建立起来的，但事实的积累并不是科学，就像一堆石头不是房子一样。

　　最重要的是，科学家必须显示出预见力。卡莱尔（Carlyle）曾写道："只有事实是重要的。约翰·雷克兰（John Lackland）[①]来过这里，这是令人钦佩的事。这是一个'现实'，我愿为之提供世界上所有的理论。"[②]卡莱尔是培根的同胞，但培根不会那样说。那是历史学家的语言。物理学家很可能会说："约翰·雷克兰来过这里。这对我来说都一样，因为他再也不会回来了。"

　　我们都知道，有好的实验，也有不好的实验。不好的实验积累再多也没用。无论做一百次还是一千次，一位真正的大师——例如巴斯德（Pasteur）——的一项工作就足以使人忘却这些实验。培根会完全理解这一点，因为他发明了"判决性实验"这一表述。但卡莱尔肯定不会理解。事实就是事实。一个小学生读了其体温计上的某个数，并且没有采取任何预防措施。这不要紧，他读了数，如果只有事实才重要，那么这就像约翰·雷克兰国王的游历一样可以被称为一个"现实"。为什么这个小学生读数这个事实不重要，而熟练的物理学家作另一次读数则会被认为非常重要？这是因为我们从前一读数中得不出任何结论。那么，什么是好的实验呢？除了是一个孤立的事实，好的实验还能让我们做出预测，也就是说，能让我们做出推广。因为如果没有推广，就不可能做出预测。一个人

---

　　① 　约翰·雷克兰（1166—1216），英格兰国王，1199—1216 年在位。亨利二世第四子，狮心王理查的弟弟。父王把在法国的领地全部授予几位兄长，由于已经没有领地可以封给约翰，所以被称为无地王。——中译者

　　② 　Thomas Carlyle, *Past and Present: Thomas Carlyle's Collected Works, Vol. XIII* (2008). ——英译者

工作的情况永远也不会同时再现。因此，观察到的事实永远不会重复。能够肯定的仅仅是，在类似的情况下会产生类似的事实。因此，为了做出预测，我们至少必须诉诸类比，也就是说，在这一阶段我们必须进行推广。

即使只是试验性的，我们也必须进行插补。实验只给了我们一些孤立的点，这些点必须用一条连续的线连接起来，这是真正的推广。但我们还需要做更多的事情。我们所绘制的曲线将会经过观察点的之间和附近，但不会经过这些点本身。因此，我们并不限于推广实验，而且还要纠正实验。物理学家要想避免这些纠正并且满足于单纯的实验，就不得不提出异乎寻常的定律。分离的事实是不能让我们满意的，因此必须对我们的科学进行组织或者说推广。

人们常说，实验必须在没有任何先入之见的情况下进行。这是不可能的。这不仅会使所有实验徒劳无功，而且即使我们想这样做，也做不到。每个人都有自己无法轻易摆脱的世界观。例如，我们必须使用语言，我们的语言中必然充满了先入之见。然而，它们是无意识的先入之见，比其他先入之见更危险。我们可以说，如果我们引入了我们清楚意识到的其他先入之见，只会让事情变得更糟吗？我并不这样认为。我相信它们会相互平衡，或者说相互消解。它们一般来说不太相容，会相互冲突，因此我们不得不从不同的角度来考虑问题。这足以使我们解放出来。一个人若能选择主人，就不再是奴隶。

于是，由于推广，每一个观察到的事实都使我们能够预测其他许多事实。但我们不应忘记，只有第一个事实是确定的，所有其他事实都只是或然的。无论一个预测在我们看来有多么牢固的基础，如果我们试图验证它，我们都无法**绝对**确定实验不会否证它。然而，其正确性的概率常常高到足以使我们感到满意。不确定地预测总比完全不预测更好。

因此，当机会出现时，我们绝不能不屑于验证。不过，实验时间长，难度大，工作人员少，我们需要预测的事实数量极大。与这么巨大的数目相比，我们所能作的直接验证的数目永远可以忽略不计。我们必须充分利用我们所能直接获得的那一点点东西。每一个实验都必须能使我们以尽可能高的概率做出尽可能多的预测。可以说，问题在于增加科学机器的产出。

请允许我把科学比作一座需要不断扩充的图书馆。图书馆员没有足够的资金购买图书，所以必须努力避免浪费资金。实验物理学负责采购，只有它能扩充图书馆。至于数学物理学，其任务是编制书目。精心编制的书目不会扩充图书馆，但会帮助读者利用其资源。此外，通过向图书馆员指出藏书缺口，可以让他更明智地使用图书馆的资金。由于这些资金严重不足，这一点尤为重要。

这就是数学物理学的作用。它必须指导推广，以增加我前面所谓的科学产出。它是通过何种手段做到这一点的，以及如何能够安全做到这一点，是我们现在要研究的问题。

自然的统一性

首先要注意，任何推广都在一定程度上预设了一种对自然的统一性和简单性的信念。关于统一性，不会有任何困难。如果宇宙的不同部分不像同一身体的不同器官，它们就不会相互作用；它们将彼此忽视，特别是，我们只能知道其中一部分。因此，我们不必问大自然是否是一个整体，而要问它如何是一个整体。

关于简单性，则并不容易。我们并不确定大自然是否简单。如果我们表现得就好像大自然是简单的一样，会有危险吗？曾有一段时间，马略特定律的简单性被用作支持其准确性的论据。菲涅耳曾在与拉普拉斯（Laplace）的一次谈话中说，大自然不关心分析上的困难。此后菲涅耳觉得有必要对自己的说法做出说明，以免冒犯主流观点。如今，人们的看法已经大不相同。但那些不相信自然定律必须简单的人，仍然常常不得不表现得就好像自己相信一样。他们无法完全摆脱这一必要性，除非不作任何推广，从而使一切科学都变得不可能。

显然，任何事实都能以无穷多种方式进行推广，这是一个选择问题。选择只能以简单性的考虑为指导。让我们举一个最普通的例子，即内插的例子。我们在观察给出的点之间画一条连续的线，并使之尽可能规则。我们为什么要避免那些最有角度的点和过于陡峭的弯曲呢？为什么我们不让曲线描出最不规则的锯齿形？那是因为我们事先知道，或者相信我们知道，要表述的定律不可能那样复杂。

我们可以从木星卫星的运动、巨行星的运动或小行星的摄动来推断木星的质量。如果我们取这三种方法所得结果的平均数，我们会得到三个十分接近但又不同的数。我们可以通过假设引力常数在这三种情况下并不相同来解释这个结果，那样一来观测结果肯定能得到更好的解释。我们为什么会拒绝接受这种解释？不是因为它荒谬，而是因为它不必要地复杂。我们只有在迫不得已时才会接受它，现在还不必如此。

　　总之，定律通常被认为是简单的，除非被证明不是这样。由于上述原因，物理学家不得不采用这种做法，但鉴于每天都有发现向我们展示更为丰富和复杂的新细节，如何证明这种做法是合理的呢？它如何能与自然统一性的信念相协调呢？因为如果每一个事物都依赖于其他一切事物，那么涉及这么多不同对象的关系就不再可能是简单的。

　　如果研究科学史，我们会看到两种相反的现象：有时是简单性隐藏在复杂的现象背后，有时简单性则是表面上的，隐藏了极为复杂的实在。

　　什么东西能比行星的摄动更复杂，或者比牛顿定律更简单呢？正如菲涅耳所说，大自然以分析上的困难为乐，她只使用简单的手段，通过其组合产生了一种解不开的纠缠。这是一种隐藏的简单性，必须加以揭示。

　　相反的例子比比皆是。在气体运动论中，我们讨论高速运动的分子，其路径因不断碰撞而变形，具有极不规则的形状，并且沿各个方向费力穿过空间。可观察的结果是马略特的简单定律。每一个事实都很复杂。大数定律在平均数中重新确立了简单性。这里简单性只是表面上的，只是我们感官的粗糙阻止我们感知到复杂性。

　　许多现象都服从比例定律，为什么？因为这些现象中有某种很小的东西。观察到的简单定律不过是一般分析规则的一个实例罢了，根据这一规则，一个函数的无穷小增加与变量的增加成正比。实际上，我们的增量并不是无穷小，而只是非常小，所以比例定律只是近似的，简单性只是表面上的。我刚才说的话也适用于小运动的叠加法则，使用它是如此富有成效，它是光学的基础。

牛顿定律本身呢？其隐藏已久的简单性也许只是表面上的。谁知道它是否由于某种复杂的机制，是否由于某种作不规则运动的精细物质的碰撞，以及是否仅仅通过平均数和大数的相互作用才变得简单呢？无论如何，很难不假设正确的定律包含着可以在很小的距离变得可以察觉的补充项。如果在天文学中，这些补充项可以忽略不计，从而使牛顿定律恢复简单性，那完全是因为天体的遥远距离。

毫无疑问，如果我们的研究手段变得越来越敏锐，我们会发现复杂背后的简单，然后发现简单背后的复杂，然后再发现复杂背后的简单，如此等等，而无法预测最后一项会是什么。当然，我们必须在某个地方停下来，为使科学成为可能，我们一旦发现简单性就必须停下来。只有在这一基础上，我们才能建立起推广的大厦。但是，既然简单性只是表面上的，它的基础会足够牢固吗？现在我们就来研究这一点。

为此，让我们看看简单性的信念在我们的推广中起什么作用。我们已经在许多特定情况下证实了一个简单定律。我们拒绝承认这种经常重复的一致性仅仅是出于偶然，并得出结论说，定律必须在一般情况下为真。开普勒注意到，第谷观测到的行星位置都在同一个椭圆上。他从不认为，由于一种极不寻常的偶然，第谷只在行星的路径碰巧与这个椭圆相交时才观看天空。简单性不论是真实的，还是隐藏了复杂的事实，这有什么关系呢？无论是由于大数的影响消除了个体差异，还是由于某些量的大小使我们忽略了某些项——无论如何它都不会出于偶然。无论是真实的还是表面的，这种简单性总有一个原因。因此，我们总能以相同的方式进行推理，如果在许多特殊情况下服从了简单定律，我们就能合理地假设，在类似的情况下它也仍然为真。否则的话，就意味着赋予了偶然一种不可接受的角色。

然而，差异是存在的。如果简单性是真实而深刻的，它将能够经受住我们日益精密的测量方法的检验。如果我们相信大自然本质上是简单的，我们就应该断言，它是一种近似的而非严格的简单性。我们以前是这样做的，但不再有权这样做。例如，开普勒定律的简单性只是表面上的；但这并不妨碍它们适用于几乎所有与太阳系类似的系统，尽管这使它们不能严格精确。

假 设 的 作 用

任何推广都是一个假设。因此，假设起了一种无可辩驳的必要作用。只不过，它总是应当尽早、尽可能频繁地接受验证。不用说，如果它经不起这种检验，我们就必须毫不犹豫地抛弃它。事实上，这正是我们通常所做的事情，尽管有时不够耐心。

对了，即使这种缺乏耐心也是没有道理的。刚刚抛弃一个假设的物理学家反而应当高兴，因为他发现了一个意想不到的发现机会。我想，他的假设并不是被轻易采纳的。它考虑了似乎能够参与现象的所有已知因素。如果未被验证，那是因为存在着某种出乎预料的、异乎寻常的东西，因为我们即将发现某种未知的新事物。

这样被推翻的假设是毫无结果的吗？远非如此。甚至可以说，它比一个真的假设更有帮助。它不仅为决定性实验提供了机会，而且如果这个实验是在没有假设的情况下偶然做的，我们也得不出什么结论。我们不会看到任何异常的东西。我们只会再编入一个事实，而不会从中导出任何推论。

现在，在什么条件下可以毫无危险地使用假设？建议将一切诉诸实验是不够的。危险的假设仍然存在，首先是那些默认的无意识的假设。既然我们是在不知道的情况下制造了这些假设，所以无法抛弃它们。这里，数学物理学同样可以帮助我们。它所特有的精确性迫使我们提出了我们不借助于它也会毫不犹豫地提出的所有假设。

还要注意，重要的是不要无限地增加假设。如果我们基于多个假设构造一个理论，而且实验与之相矛盾，那么我们需要改变哪个前提呢？这是不可能知道的。相反，如果实验成功了，我们可以认为它已经证实了所有这些假设吗？若干未知量可以由一个方程决定吗？

我们还必须注意区分不同类型的假设。首先是那些非常自然的、无法避免的假设。很难不假设非常遥远物体的影响可以完全忽略不计，微小的运动服从线性定律，结果是其原因的连续函数。对于对称所强加的条件，我也想这么说。可以说，所有这些假设形成了所有数学物理学理论的共同基础。它们是我们最后应该抛弃的。

还有第二类假设，我称之为中性假设。在大多数问题中，分析家在计算之初就假设，物质要么是连续的，要么相反是由原子构成的。无论是哪种情况，结果都是一样的。只不过根据原子假设，他得到结果会更困难一些。如果实验证实了他的结论，那么他会相信，例如，他已经证明了原子真实存在吗？

在光学理论中引入了两个矢量，一个被视为速度，另一个被视为涡旋。这同样是一个中性假设，因为如果我们假设前者是涡旋，后者是速度，也会得出相同的结论。因此，实验的成功并不能证明第一个矢量确实是速度。它只证明了一件事，即它是一个矢量，这是前提中实际引入的唯一假设。为了赋予它我们可错的心智所要求的具体外观，我们必须把它看成速度或涡旋，同样，我们也必须用字母 x 或 y 来表示它。但无论结果如何，都不能证明把它看成速度是对是错，也不能证明称它为 x 而不是 y 是对是错。

只要这些中性假设的性质不被误解，它们就永无危险。这些中性假设可能是有用的，要么作为计算技巧，要么用具体的图像来帮助我们理解，以澄清我们的想法。因此，没有理由拒斥它们。

第三类假设是真正的推广。它们必须由实验证实或否证。无论被证实还是被否证，它们将总是富有成效。然而，基于我给出的理由，它们只有在数量不太多的情况下才会如此。

数学物理学的起源

让我们更深入地研究一下数学物理学发展的条件。我们一开始就意识到，科学家的努力总是倾向于将实验直接给出的复杂现象分解为大量基本现象，这有三种方式。首先，这些现象可以根据时间进行分解。我们不是接受一个现象的整个渐进发展，而只是试图将每一个瞬间与它之前的一个瞬间联系起来。我们承认世界的现状只依赖于最直接的过去，而不受对遥远过去的记忆的直接影响。

由于这一公设，我们不是直接研究现象的整个相继，而只是写出其"微分方程"。我们用牛顿定律来代替开普勒定律。

其次，我们尝试根据空间来分解现象。经验给予我们的是在广大场景中出现的一堆混乱事实。我们必须努力辨别基本现象，这些现象局限于非常小的空间区域。

举几个例子也许有助于澄清我的想法。如果我们想研究一个正在冷却的固体中复杂的温度分布，我们永远也不会成功。如果我们考虑到，固体中的一点不能直接将它的热给遥远的一点，一切都会变得简单。这一点只会将一些热直接传给最近的点，然后热流再渐渐到达固体的其他部分。基本现象是两个相邻点之间的热交换。如果我们自然地承认，它不受距离遥远的分子温度的影响，那么它就是严格定域的，而且比较简单。

我把一根棒折弯。它将呈现一种非常复杂的形状，我们不可能进行直接研究。但如果我注意到棒的弯曲仅仅是棒的非常小的组分变形的结果，而且每一个组分的变形只依赖于直接作用于它的力，而完全不依赖于可能作用于其他组分的力，我就能处理这个问题。

这样的例子不胜枚举，在所有这些例子中，我们都承认不存在超距作用，或至少不存在很大距离的作用。这是一个假设。正如引力定律所证明的，它并不总是为真。因此，必须对它进行验证。如果它得到了证实，即使只是近似被证实，它也非常有价值，因为它使我们至少能够通过逐次逼近来使用数学物理学。

如果它经不起检验，我们就必须寻找其他类似的东西，因为还有其他方法可以达到基本现象。如果多个物体同时作用，那么它们的作用可能是独立的，可以作为矢量或标量彼此相加。那么，基本现象就是一个孤立物体的作用。或者假定这个问题涉及小运动，或者更一般地说涉及小变化，它们服从众所周知的叠加定律。于是，观察到的运动将被分解为简单的运动，例如声音被分解为谐波，或白光被分解为单色光。

当我们发现应当沿什么方向来寻求基本现象时，我们通过什么手段来达到它呢？

首先，为了弄清它，或者更确切地说，为了弄清什么东西对我们有用，常常不需要知道它的机制。大数定律就足够了。让我们回到热传播的例子。根据一个我们不需要知道的定律，每一个分子都向其相邻分子辐射。如果我们大胆猜测一下这个定律，它将是一个中性的、从而无用且无法证实的假设。事实上，由于平均值的作用和介质的对称性，所有差异都被拉平，而且无论做出什么假设，结果总是相同的。

同样的情况也出现在弹性理论或毛细管理论中。邻近的分子相互吸引和排斥，我们无需知道它们服从的是什么定律。我们只需要知道，这种吸引只有在很短的距离才可察觉，分子为数众多，介质是对称的，只需让大数定律起作用。

这里，基本现象的简单性再次隐藏在由此产生的可观察现象的复杂性背后。而这种简单性仅仅是表面上的，它隐藏了一种非常复杂的机制。

达到基本现象的最佳手段显然是实验。我们应当通过实验手段对大自然所提供的复杂研究系统进行分解，并且尽可能以孤立的形式仔细研究其要素。例如，自然白光借助于棱镜会分解成单色光，借助于偏振器则会分解成偏振光。

不幸的是，这并不总是可能的，也并不总是足够的，有时心智必须超前于实验。我将只举一例，它一直强烈震撼着我。如果我分解白光，我将能把光谱的一小部分孤立出来，但它无论多么小，总会保持一定宽度。同样，所谓的**单色**自然光给了我们一条非常细的谱线，尽管并非无限窄。可以设想，在用实验研究这些自然光的性质时，通过使用越来越细的光谱线，并最终"达到极限"，我们最终将会获得严格单色光的性质。这并不准确。假设两束光来自同一光源，我们先让它们在两个垂直平面上偏振，再让它们回到同一偏振平面，试图使它们发生干涉。如果光是**严格**单色的，它们就会干涉；但无论谱线多么细，近乎单色的光都不会发生干涉。要使干涉发生，谱线必须比已知最细的谱线细数百万倍。

这里，我们可能被这种 [实验性的]"达到极限"误导了。心智必须超前于经验，如果心智已经成功做到了这一点，那是因为它听任简单性的直觉来引导。

对基本事实的了解使我们能以方程的形式表述问题。然后，我们只需通过组合从中导出可观察和可验证的复杂事实。这就是我们所说的**积分**，它是数学家的研究范围。

有人也许会问，为什么在物理科学中，推广很容易采取数学形式。原因现在很容易理解了。这不仅是因为我们必须表达数值定律，还因为可观察现象是由大量**彼此相似的**基本现象叠加而成的。因此，很自然地引入了微分方程。

每一个基本现象都服从简单定律是不够的，所有需要组合的现象都必须服从相同的定律。只有这样，数学的介入才有用。事实上，数学教我们将相似的东西与相似的东西结合起来，目的在于猜测组合的结果，而不需要一点点地重复这个组合。如果我们必须多次重复同一运算，数学可以通过预先告诉我们结果来避免这种重复，这要归功于一种归纳，正如我在前面关于数学推理的一章中所解释的那样。不过，要想做到这一点，所有这些操作都必须相似。否则，我们显然必须一个接一个地执行这些操作，数学将变得毫无用处。因此，正是由于物理学家所研究的物质的近似同质性，数学物理学才得以产生。

在自然科学中，我们再也找不到以下条件：同质性、遥远部分的相对独立性、基本事实的简单性；这就是博物学家不得不诉诸其他推广方式的原因。

第十章　现代物理学的理论

物理理论的意义

　　受过教育的公众惊讶地发现，科学理论的寿命是如此短暂。他们看到这些理论在短暂的兴盛之后陆续被抛弃，理论的废墟层层叠叠，并预言今天流行的理论很快就会让位，由此断言这些理论是完全徒劳无用的。这就是他们所谓的**科学的破产**。

　　他们的怀疑态度是肤浅的；他们根本不知道科学理论的目标和作用是什么，否则他们会晓得，被抛弃的科学理论仍然有用。菲涅耳把光归因于以太的运动，似乎没有什么理论比菲涅耳的理论基础更牢固了。然而，我们今天更偏爱麦克斯韦的理论，这意味着菲涅耳的工作是徒劳的吗？并非如此，因为菲涅耳的目标不是要知道以太是否实际存在，以太是否由原子构成，这些原子是否真的朝某个方向运动。他的目标是预言光现象。菲涅耳的理论仍然使我们能够做到这一点，无论是现在还是在麦克斯韦之前。微分方程仍然成立，仍然可以用相同的方法对它们进行积分，而且积分结果仍然保持它们的值。

　　这并不是说，我们由此将物理理论归结为单纯的实用处方。这些方程表达了某些关系，如果这些方程仍然成立，那是因为这些关系保持着它们的实在性。和以前一样，它们现在教导我们，某物与某物之间存在一种如此这般的关系。只不过我们以前所谓的**运动**，现在则称之为**电流**。但这些名称只是我们用来代替大自然永远向我们隐藏的实在物体的图像。这些实在物体之间的真实关系乃是我们能够达到的唯一实在，唯一的条件是，这些实在物体之间的关系与我们用来代替它们的图像之间的关系相同。只要我们知道这些关系，如果我们认为用一个图像代替另一个图像是方便的，那又有什么要紧呢？

某种周期现象（例如电振动）是否真由某个原子的振动所引起，该原子实际上像摆一样以某种方式运动，这既不确定也不本质。然而，我们可以认为，在电振动、摆的运动和所有其他周期现象之间，存在着一种与深层实在相对应的密切关系；这种关系、这种相似性，或者更确切地说，这种平行性，在细节中仍然成立；它是能量守恒原理、最小作用原理等更一般原理的推论。我们可以断言这一点；这是一个在我们可能觉得适用的所有伪装之下都将永远保持不变的真理。

人们已经提出了许多色散理论。第一种理论并不完善，几乎不包含真理。接下来是亥姆霍兹的理论，它以各种方式得到修改，连作者本人也基于麦克斯韦的原理构想了另一种理论。但值得注意的是，亥姆霍兹之后的所有科学家都从表面上大相径庭的不同出发点得出了同样的方程。我敢说，这些理论同时为真，不仅因为它们使我们能够预测相同的现象，而且因为它们揭示了一种真关系，即吸收与反常色散之间的关系。在这些理论的前提中，为真的东西乃是所有作者共同的部分：这就是对某些事物之间某种关系的断言，至于这种关系被称为什么，则因人而异。

气体运动论引发了许多反驳，如果声称它绝对为真，我们将难以回答这些反驳。但所有这些反驳都没有改变一个事实，即该理论是有用的，尤其是它为我们揭示了气体压力与渗透压之间的一种真关系，否则我们永远也不会知道这种关系。在这种意义上，可以说该理论为真。

当一位物理学家注意到两种同样可贵的理论之间的矛盾时，他有时会说："我们不要为此烦恼。让我们牢牢握住链条两端，即使看不见中间环节。"如果我们将外行人的解释赋予物理理论，这种辩护论点将是荒谬可笑的。在矛盾的情况下，这两种理论中至少有一种应被视为假。但如果我们只在理论中寻求应当寻求的东西，那么情况就不再是这样。这两种理论有可能都表达真关系，而矛盾只存在于我们对实在形成的图像中。

一些人觉得，我们过于严格地限制了科学家可以涉足的领域，对于这些人，我要回答说："我们禁止你们研究且让你们感到如此遗憾的这些问题不仅是无法解决的，而且是虚幻和没有意义的。"

某位哲学家声称，整个物理学都可以用原子的相互碰撞来解释。如果他仅仅是指物理现象之间存在着与大量弹子球的相互碰撞相同的关系，那就再好不过了！这是可证实的，而且也许为真。然而，这位哲学家还意指更多的东西，我们认为我们理解他，是因为我们自认为知道什么是碰撞。为什么呢？只因为我们经常观看弹子球游戏。我们是否应该认为，上帝在沉思他的作品时，体验到的感觉与我们观看弹子球游戏时的感觉是相同的？如果对于这位哲学家的断言，我们既不想赋予这种离奇的含义，也不想赋予我之前提到的更严格的可靠含义，那么它就没有任何意义。因此，这类假设只有隐喻意义。科学家不必禁用隐喻，就像诗人不必禁用隐喻一样，但科学家应当知道隐喻的价值。隐喻可能有助于使心智感到满足，只要它们仅仅是中性假设，就不会有害。

这些思考解释了为什么一些被认为应当抛弃且被实验否证的理论突然死灰复燃并获得新生。这是因为它们表达了真关系，而且当出于某种原因，我们认为有必要用另一种语言来表达相同的关系时，它们会继续表达真关系。它们以这种方式保持着一种潜在的生命。

就在 15 年前，还有什么东西比库仑的流体更荒谬、更过时呢？然而在这里，它们以电子的名义重新出现。这些永久带电的分子与库仑的电分子有什么不同？在电子中，电固然由少量物质所承载，换言之，它们有质量（不过现在，我们对此仍有争议）[1]；而库仑并没有否认他的流体有质量，即使他否认，那也只是不情愿地。声称对电子的信念不会再次丧失是不明智的，但奇怪的是注意到这种意外的复兴。

然而，最突出的例子是卡诺（Carnot）根据错误的假设建立起来的卡诺原理。当人们发现热并非不可毁灭，而是可以转化为功时，他的思想就被彻底抛弃了。克劳修斯（Clausius）后来又回到这些思想，使之最终被接受。除了真关系，原始形式的卡诺理论还表达了其他不精确的关系，它们是旧思想的残余；但不精确关系的存在并

---

[1]　括号中的内容未见于法文第一版。——英译者

没有改变真关系的实在性。克劳修斯只要像修剪枯枝一样把它们抛到一边就可以了。

结果就是热力学第二基本定律。关系仍然是一样的，尽管至少在外观上，这些关系在相同的对象之间不再成立。这足以使该原理保持其价值。甚至卡诺的推理也没有因此而消亡；它们被应用于一种不完美的物质观念，但它们的形式（即本质性的部分）仍然是正确的。

我刚才所说同时阐明了最小作用原理或能量守恒原理等一般原理的作用。这些原理非常有价值。我们通过寻求众多物理定律的阐述中的共同点而发现了它们，因此它们代表了无数观察最基本的特征。

然而，由其一般性可以得出一个推论，我在第八章已经注意到了它，即这些原理不再能够得到证实。由于我们无法给出能量的一般定义，所以能量守恒原理仅仅意味着有**某种东西**保持恒定。无论未来的实验给我们带来什么关于世界的新观念，我们总能事先确定，某种东西将保持恒定，我们可以称之为**能量**。

这是否意味着该原理没有意义，仅仅是同义反复呢？绝非如此。该原理表明，我们称之为能量的不同事物被一种真正的亲缘关系联系在一起。它断言它们之间存在一种实在的关系。但如果该原理有意义，它可能为假；我们可能没有权力无限地扩展其应用，但可以预先肯定，该原理将在严格意义上得到证实。那么，我们如何能够知道它何时已被合法地应用于尽可能多的案例中呢？当它对我们将不再有用时；也就是说，当我们不再能够用它来正确地预测新现象时。在这种情况下，我们可以确定，所断言的关系不再是

实在的，因为否则的话，它将是富有成效的。实验即使不与该原理
的新扩展直接相矛盾，也仍然可以宣布它不适用。

物理学和机械论

大多数理论家总是偏爱从力学或动力学中借用解释。若能通
过按照某些定律相互吸引的分子的运动来解释所有现象，一些人
会心满意足。另一些人更为严格，他们希望消除超距吸引；他们的
分子会沿直线运动，只有因为碰撞才会偏离直线。还有一些人，比
如赫兹，也消除了力，但假设它们的分子受到类似于我们机械连接
的几何连接的影响。他们试图以这种方式将动力学归结为一种运
动学。

简而言之，所有理论家都试图使大自然屈从于某种形式，只有
这样才能感到满意。对此，大自然足够灵活吗？我们将在涉及麦克
斯韦理论的第十二章讨论这个问题。每当能量守恒原理和最小作
用原理得到满足时，我们就会发现，不仅总有一种力学解释是可能
的，而且总有无数种这样的解释。借助于柯尼希（König）关于机械
连接的一个众所周知的定理可以表明，通过赫兹那种连接或通过有
心力，有无数种方式可以解释一切。我们很容易证明，一切都可以
用简单的碰撞来解释。

为了做到这一点，我们当然不能满足于我们能够感知且能直接
观察其运动的普通物质。我们要么设想这种普通物质是由原子构
成的，我们看不到其内部运动，而只能感知整体的位移，要么设想
一种微妙的流体，它以以太或其他名称在物理理论中一直发挥着重

要作用。

有些人常常进而认为以太是唯一的原始物质，甚至是唯一的真实物质。在这些思想家当中，较为温和的人认为，普通物质是凝聚的以太，这并不令人惊讶；另一些人则进一步减少了它的重要性，认为物质只不过是以太奇点的几何位置。例如，根据开尔文勋爵（Lord Kelvin）的说法，我们所说的**物质**只不过是以太旋转所围绕的点的位置罢了。黎曼认为，物质是以太被不断摧毁的那些点的位置。而维歇特（Wiechert）或拉莫尔（Larmor）等更晚近的作者则认为，物质是以太经历一种非常特殊的扭转的点的位置。如果采用其中任何一种观点，我想知道我们有什么权利将在普通物质（它只是某种虚假的物质）中观察到的力学性质应用于以太。

当我们意识到热并非不可毁灭时，热流、电流等以前的流体就被抛弃了。但它们被抛弃也出于另一个原因。在将它们物质化的过程中，它们的个体性可以说得到了强化，在它们之间形成了鸿沟。一旦我们对自然的统一性有了更强烈的感觉，并且察觉到将各个部分连接在一起的密切关系，就必须填补这些鸿沟。在增加流体的数量时，过去的物理学家不仅创造了不必要的实体，而且摧毁了真实的联系。一个理论仅仅不断言假关系是不够的，它还必须不隐藏真关系。

我们的以太真实存在吗？我们知道我们对以太的信念源自哪里。如果光要花费数年才能从一颗遥远的星到达我们这里，那么它不再在这颗星上，也不在地球上。它必须在某个地方，可以说被某种物质作用承载着。

我们可以用一种更数学、更抽象的形式来表达同样的想法。我们注意到物质分子所经历的变化。例如，我们看到，我们的照相底片受到一种若干年前发生在恒星白炽物质上的现象的影响。如今，在普通力学中，相关系统的状态只取决于它在前一时刻的状态。因此，该系统满足某些微分方程。相反，如果我们不相信以太，那么物质宇宙的状态将不仅取决于前一时刻的状态，而且也取决于更早的状态。该系统将满足有限差分方程。正是为了避免这种对一般力学定律的偏离，我们才发明了以太。当然，我们仍然不得不用以太来填充星际虚空，但并非让以太渗透到物质媒介本身之中。斐索（Fizeau）的实验则更进一步。通过在运动的空气或水中传播的光线的干涉，该实验似乎向我们显示了两种相互穿透但又相对移动的不同介质。我们与以太几乎近在咫尺。

　　然而，还可以构想能让我们更接近以太的实验。假设牛顿的作用与反作用相等的原理在**单独**应用于物质时不再为真，而且这一点可以得到证明，那么作用于所有分子的所有力的几何和将不再为零。如果我们不想改变整个力学，我们就需要引入以太，以使物质似乎经受的作用能被物质对某种东西的反作用所抵消。

　　或者再假设，我们发现光现象和电现象受地球运动的影响。那么可以推出，这些现象不仅可以向我们揭示物体的相对运动，而且可以揭示似乎是它们的绝对运动。在这种情况下，以太同样是必要的，以使这些所谓的绝对运动不是物体相对于空的空间的位移，而是物体相对于某种具体的东西的位移。

　　我们会达到这一点吗？我并不这样认为，稍后我会解释原因；但它并不荒谬，因为另一些人曾持有这种观点。例如，如果我将在第十三章详细讨论的洛伦兹理论为真，那么牛顿原理将**不仅仅**适用于物质，而且差异几乎可以通过实验来测量。

另一方面，人们已经就地球运动的影响做了许多实验，其结果一直是否定的。但人们之所以做这些实验，是因为我们事先并不确定这一结果；而且事实上，根据流行的理论，补偿将只是近似的，我们可以期望看到精确的方法给出肯定的结果。我认为，这样的希望只是一种幻想。但有趣的是，这种成功在某种意义上为我们打开了一个新世界。

现在，请允许我说几句题外话，我必须解释为什么我并不认为更精确的观测会揭示除物体的相对位移以外的任何东西，尽管洛伦兹认为是如此。人们已经做了本应揭示一阶项的实验，但结果是否定的。这可能只是偶然吗？没有人承认这一点。洛伦兹找到了一种一般性的解释。他表明，一阶项应当相互抵消，而二阶项则不然。然后，人们做了更精确的实验，它们也是否定的，这也不可能是偶然。我们需要一种解释，并且一如既往地找到了它。假设是我们最不缺的东西。

但这还不够。谁不觉得这再次让偶然性起了太大的作用呢？如果一种特定情况的发生恰好使一阶项消失，而另一种完全不同但非常适时的情况则使二阶项消失，这难道不也是一种偶然吗？不，对于这两种情况必须找到相同的解释，一切都倾向于表明，这种解释也适用于高阶项，而且这些项的相互抵消将是严格和绝对的。

物理学的现状

在物理学的发展史上，我们看到了两种相反的趋势。一方面，在似乎注定永不相关的对象之间，我们不断发现新的联系。零散的事实不再彼此无关，它们往往集结成一个令人印象深刻的综合体。科学正朝着统一性和简单性迈进。另一方面，新的现象每天都被揭示出来，为这些现象指定位置需要等待很长时间——为了给它们找到位置，有时甚至必须拆除建筑物的一角。同样，在我们粗糙的感官常常向我们显示出齐一性的已知现象中，我们也不断感知到越来越多样的细节。我们认为简单的东西变得复杂了，科学似乎正朝着多样性和复杂性迈进。那么，在这两种似乎轮流占上风的相反趋势中，哪一种会获胜呢？如果是前者获胜，那么科学是可能的；但没有什么能先验地证明这一点，我们可能担心，在徒劳地使自然屈从于我们的统一性理想之后，我们会被不断增长的新发现所淹没，于是不得不放弃对它们进行分类，抛弃我们的理想，将科学归结为对无数处方的记录。

事实上，我们无法回答这个问题。我们所能做的就是观察今天的科学，并把它与昨天的科学进行比较。由这一考察，我们无疑能够给出一些猜想。半个世纪前，人们的期望值很高。能量守恒及其转化的发现刚刚揭示了力的统一性，而且表明热现象可以通过分子运动来解释。虽然这些运动的本性还不完全清楚，但我们无疑很快就会知道。至于光，任务似乎已经圆满完成。我们在电的方面进展不大。电刚刚兼并了磁，这是迈向统一性的重要一步，也是决定性的一步。但如何将电纳入一般的统一性，如何归入普遍的机械论？没有人知道。然而，没有人怀疑这种归入的可能性。我们有信心。最后，就物体的分子性质而言，这种归入似乎更容易，但细节仍然模糊不清。总之，希望很高，很光明，但很模糊。

今天，我们看到了什么？首先，我们看到了巨大的进步。电与光的关系现已为人所知。光、电和磁这三个以前分离的领域现在是一个领域，这种兼并似乎具有决定性意义。然而，这种胜利使我们付出了一些代价。光现象成了电现象的特殊情况。只要光现象仍然是孤立的，就很容易用所有细节都已知的运动来解释它们。这很简单，但可以接受的任何解释都必须涵盖整个电的领域，这并非没有困难。

正如我们将在第十三章看到的，最令人满意的理论是洛伦兹提出的，它用微小的带电粒子解释了电流。毫无疑问，这种理论最好地解释了已知事实，阐明了最大数量的已知关系，在其中我们找到了最终结构的最多痕迹。然而，他的理论仍然存在一个前面指出的严重缺陷。它与牛顿的作用与反作用相等的原理相抵触，或者更确切地说，在洛伦兹看来，这一原理不能单独应用于物质。要使该原理为真，就必须考虑以太对物质的作用以及物质对以太的反作用。在新秩序中，事物很可能不会以这种方式发生。

无论如何，正是由于洛伦兹的工作，斐索关于运动物体光学的结果、正常和反常色散的定律以及吸收定律才彼此联系起来，并与以太的其他性质联系起来，其纽带无疑是难以割断的。看看新塞曼效应是多么容易找到自己的位置，甚至有助于对挫败麦克斯韦所有努力的磁致旋光（即法拉第旋转）进行分类。这种容易可以证明，洛伦兹的理论并非注定要解体的人工混合物。它也许必须被修改，但不会被摧毁。

洛伦兹的目标仅仅在于把所有光学和运动物体的电动力学结合成一个整体，他从未声称要对其做出力学解释。拉莫尔走得更远，他保留了洛伦兹理论的本质部分，并将麦卡拉（MacCullagh）关于以太运动方向的观点移植其上。麦卡拉认为，以太的速度与磁力具有相同的方向和大小。因此，这个速度对我们来说是已知的，因为磁力可用实验测量。尽管这种尝试很巧妙，但洛伦兹理论的缺陷仍然存在，甚至还有所加重。作用并不等于反作用。根据洛伦兹的说法，我们不知道以太的运动是什么。由于我们不知道这一点，可以假设它们通过补偿物质的运动，重新断言作用与反作用是相等的。根据拉莫尔的说法，我们知道以太的运动，我们可以证明补偿并未发生。

如果就像我认为的那样，拉莫尔失败了，这是否意味着力学解释是不可能的？远非如此。我在前面说过，只要一种现象服从能量守恒原理和最小作用原理，它就可以作无数种力学解释。光现象和电现象也是如此。

但这是不够的。好的力学解释必须是简单的。要从所有可能的解释中选出一个解释，除了选择的必要性，还应当有其他理由。然而，我们还没有一种理论能够满足这个条件，从而是有用的。我们应该为此感到遗憾吗？那就忘记了我们所寻求的目标并不是机械论，我们真正的、唯一的目标是统一性。

因此，我们必须限制我们的野心。我们不要试图提出一种力学解释，而应满足于表明，如果愿意，我们总能找到一种力学解释。在这方面，我们是成功的；能量守恒原理一直得到验证。现在，它有了一个同伴，那就是以适合于物理学的形式表述的最小作用原理。最小作用原理也一直得到验证，至少就服从拉格朗日方程（即最一般的力学定律）的可逆现象而言是如此。

不可逆现象要更难对付。但它们也正在被协调，并趋向于统一。卡诺原理使不可逆现象更容易理解。长期以来，热力学仅限于研究物体的膨胀及其状态变化。过去一段时间，它变得更加大胆，大大拓宽了自己的领域。伏打电池和热电现象的理论要归功于热力学，热力学探索了物理学的各个角落，甚至研究了化学本身。同样的定律处处适用。在每一个地方，我们都能发现某种形式的卡诺原理。熵这个如此抽象的概念也随处可见，它和能量概念一样普遍，而且像能量一样似乎隐藏着一种实在性。我们最近看到辐射热也服从同样的定律，尽管它过去似乎必定不受这些定律的约束。

这样一来，我们就发现了一些新的类比，它们常常得到详细研究；电阻与流体的黏性相似；磁滞与固体的摩擦非常相似。在所有情况下，摩擦似乎是各种各样不可逆现象的模型，这种亲缘关系是真实而深刻的。

我们也曾为这些现象寻求一种严格的力学解释，但由于这些现象的本性，我们不太可能找到这样的解释。要想找到它，必须假设不可逆性只是表面上的，基本现象是可逆的，而且服从已知的动力学定律。但这些要素为数众多，而且日趋混合，因此在我们粗糙的视觉看来，一切似乎都趋向齐一；也就是说，一切似乎都朝着同一方向前进，没有回转的可能性。因此，表面上的不可逆性仅仅是大数定律的一个结果。只有一个像麦克斯韦妖那样感官无限敏锐的存在者，才能解开这团乱麻，扭转宇宙的进程。

这种与气体运动论相联系的观念花费了巨大的努力，但整体上成效不大。它可以变得富有成效，但这里不适合考察它是否会导致矛盾，或者是否符合事物的真正本性。

　　然而，让我们注意古伊（Gouy）关于布朗运动的原创性想法。根据这位科学家的说法，这种奇特的运动违背了卡诺原理。作布朗运动的粒子要小于那张密网的网眼，因此能将网眼分开，从而扭转宇宙的进程。我们几乎可以看到麦克斯韦妖在起作用。

　　总之，以前已知的现象正逐渐得到更好的分类，但新的现象也在要求自己的位置。其中大多数现象，比如塞曼效应，立刻就找到了位置。我们还有阴极射线、X射线以及铀和镭的辐射。事实上，这里有一个人们未曾预料的完整世界。有那么多不速之客必须在此入住呢！还没有人能够预见它们将会占据的位置，但我相信它们不会破坏一般的统一性，而会完成它。一方面，新的辐射似乎与发光现象有关。它们不仅激发荧光，有时也会在与之相同的条件下产生。它们还与在紫外线的作用下产生电火花的原因有关。最后，也是最重要的，人们认为在所有这些现象中都存在着离子，诚然，它们是以比在电解质中的离子更大的速度被激发的。所有这些都很模糊，但都会变得更清晰。磷光，以及光对电火花的作用，是相当孤立的领域，因此或多或少被研究者所忽视。我们现在可望建造一条新路，以促进它们与其余科学的交流。

　　我们不仅发现了新的现象，而且我们自认为已经了解的那些现象，其未曾预见的方面也被揭示出来。在自由以太中，定律保持着其庄严的简单性，而物质本身却似乎越来越复杂。我们就物质所说的一切只是近似的，我们的公式总是需要新的项。

　　然而，框架并未被打破；当我们意识到物体的复杂性时，我们认为简单的物体之间的关系在这些物体之间仍然成立，这才是重要的。我们的方程固然变得越来越复杂，从而与大自然的复杂性越来越接近，但使这些方程能够相互推导的关系并没有发生任何变化。简而言之，这些方程的形式依然如故。

例如，让我们考虑一下菲涅耳确立的反射定律，它得益于一个似已得到实验证实的简单而有吸引力的理论。自那以后，更精确的研究表明，这种证实只是近似的；椭圆偏振的痕迹被发现到处都是。但通过一阶近似，很容易发现这些反常的原因在于存在一个过渡层，菲涅耳理论的所有本质要素依然不变。

我们不禁认为，如果这些关系所连接的对象的复杂性首先遭到怀疑，那么所有这些关系都不会被注意。很久以前就有人说过，倘若第谷有精确十倍的仪器，我们就永远不会有开普勒、牛顿或天文学。一门科学诞生得太晚是一件不幸的事，此时观测手段已经变得过于完善。今天的物理化学就是如此，其创始人最初的发现被小数点后第三位和第四位所阻碍。幸运的是，他们都有坚定的信念。

随着我们对物质的性质越来越了解，我们看到连续性处于统治地位。由安德鲁斯（Andrews）和范德瓦尔斯（van der Waals）的工作可以看出如何从液态过渡到气态，而且这种过渡并非突然发生。同样，液态与固态之间也没有鸿沟。在最近的一次会议论文集中，我们看到了关于固体流动和液体刚性的研究。

由于这种趋势，简单性无疑丧失了。过去某种现象用许多直线来表示，而现在则需要用更为复杂的曲线来连接这些直线。但另一方面也获得了统一性。这些截然分离的范畴抚慰了心智，但并没有让心智满意。

最后，物理学的方法已经扩展到化学这个新领域。物理化学诞生了。它还很年轻，但已经能使我们将电解、渗透和离子运动等现象关联起来。

　　由这一仓促的考察，我们可以得出什么结论呢？综上所述，我们现在距离统一性更近了。我们做得并没有像五年前希望的那样快，所走的道路也并非总是符合预期，但总体上已经取得了很大进展。

第十一章　概率演算

　　在这里看到关于概率演算的讨论，读者无疑会感到惊讶。这种演算与物理科学的方法有什么关系呢？思考物理学问题的哲学家自然会提出我将提出而没有给出解答的问题，以至于在前两章中，我常常会说"概率"和"偶然"这样的词。正如我前面所说，预测只能是或然的，"无论一个预测在我们看来有多么牢固的基础，[……] 我们都无法绝对确定实验不会否证它。然而，其正确性的概率常常高到足以使我们感到满意"。稍后我又补充说："让我们看看简单性的信念在我们的推广中起什么作用。我们已经在许多特定情况下证实了一个简单定律。我们拒绝承认这种经常重复的一致性仅仅是出于偶然 [……]。"

　　于是，在许多情况下，物理学家常常与计算赔率的赌徒处于相同的地位。每当使用归纳推理时，他或多或少会有意识地使用概率演算，因此我不得不暂停并中断我们对物理科学方法的讨论，以便更仔细地考察这种演算的价值何在以及可信度有多少。

　　概率演算这个名称本身就是一个悖论。与确定性相反，概率是我们所不知道的东西。我们怎么可能计算我们不知道的东西呢？然而，许多著名的科学家都致力于这种演算，这无疑有益于科学。这个明显的矛盾应当如何解释呢？概率是否已经被定义？它能被定义吗？如果不能，我们如何能对它进行推理呢？有人会说，定义很简单：一个事件的概率是该事件正面结果的数目与可能结果的总数之比。一个简单的例子可以表明这个定义有多么不完整。我掷出两个骰子。这两个骰子中至少有一个掷出 6 的概率是多少？每一个骰子都可以落在 6 个不同的面中的一个。可能结果的数目是 $6 \times 6 = 36$，而正面结果的数目是 11，所以概率是 $\dfrac{11}{36}$。这是正确的答案，但我不是也可以说，两个骰子所显示的点数形成了 $\dfrac{6 \times 7}{2} = 21$ 种不同组合，在这些组合中，6 个是正面的，所以概率是 $\dfrac{6}{21}$ 吗？为什么第一种列举可能结果的方式要比第二种更合理呢？无论如何，我们的定义并没有告诉我们答案。

因此，我们不得不这样来完成这一定义："一个事件的概率是该事件正面结果的数目与可能结果的总数之比，只要这些结果都有相等的概率。"因此，我们不得不用概率来定义概率。我们如何能够知道两种可能的结果有相等的概率？是通过约定吗？如果我们在每个问题的开头都提出一个明确的约定，那么一切都会解决。我们只需要应用算术和代数规则来完成演算，而结果不会引起质疑。但如果我们想利用这一结果，我们就必须证明我们的约定是合法的，我们将再次面临我们认为已经回避的困难。

我们能说常识本身足以告诉我们应该采用什么约定吗？不幸的是，不能！贝特朗（Bertrand）先生着手解决一个简单的问题："一个圆的弦比圆内接等边三角形的边更长的概率是多少？"[①] 这位著名

[①]　庞加莱这里指的是"贝特朗悖论"，由约瑟夫·贝特朗在其 1888 年的 *Calcul des probabilités*. Paris: Gauthier-Villars, 4 中所引入。——英译者

的几何学家相继采用了两种约定，在常识看来，每一种约定似乎都同样必然，并发现用其中一种约定计算出来的概率是 $\frac{1}{2}$，用另一种约定计算出来的概率是 $\frac{1}{3}$。

由此似乎可以得出结论说，概率演算是一门无用的科学，我们不应信任被我们称为常识且被用来将约定合法化的模糊直觉。然而，我们不能同意这一结论。我们不能没有这种模糊的直觉。没有它，就不可能有科学，没有它，我们就既不能发现定律，也不能应用定律。例如，我们有权阐明牛顿定律吗？毫无疑问，许多观察都与它相符，但这难道不是偶然的巧合吗？此外，我们怎么知道在许多个世纪里一直为真的这条定律明年仍然为真呢？对于这一反驳，唯一所能给出的回答就是："这不太可能"。但是，让我们承认这条定律。正是凭借它，我才能计算出一年后木星的位置。但我有权这样做吗？谁能说，一个具有巨大速度的巨大质量在那之前不会经过太阳系附近并产生无法预料的摄动呢？同样，这里唯一所能给出的回答就是："这不太可能"。从这种观点来看，所有科学都只是对概率演算的无意识应用罢了。责备这种演算就是责备整个科学。

我不会详细讨论概率演算的介入较为明显的那些科学问题。在这些问题中，最重要的是插值问题，在插值问题中，我们知道某些函数值，并试图猜测中间值。我还将提到著名的观测误差理论，稍后我会回到它。气体运动论是一个众所周知的假设，他假定每一个气体分子都描出了极为复杂的路径，但由于大数的影响，平均现象（唯一可观察的现象）服从马略特和盖-吕萨克（Gay-Lussac）的简单定律。所有这些理论都依赖于大数定律，如果大数定律不成立, 概率演算显然会推翻这些理论。诚然, 我们对它们只有有限的兴趣, 除了在插值的情况下, 我们可以接受这些牺牲。但如前所述, 受到质疑的并非这些部分的牺牲, 而是整个科学的合法性。

我知道有人可能会说:"我们不知道, 但我们必须行动。"为了行动, 我们没有时间从事足以消除我们无知的研究。此外, 这样的研究需要无限的时间。因此, 我们必须在不知道的情况下做出决定。无论发生什么, 我们都常常必须这样做, 我们必须在不完全相信规则的情况下服从规则。我所知道的不是某个事物为真, 而是对我来说, 最好的做法就是把它当成真的一样去行动。概率演算从而科学本身只有实用价值。

不幸的是, 困难并未因此而消失。一个赌徒想碰碰运气, 向我请教。如果我给他建议, 我会使用概率演算, 但我不能保证成功。这就是我所谓的**主观概率**。在这种情况下, 我们可以满足于我刚才概述的那种解释。但假设有一位观察者就在赌博现场, 他记下了所有回合, 而且赌博持续了很长时间。当他回顾笔记时, 他将发现事件的发生符合概率演算定律。这就是我所谓的**客观概率**, 必须对这种现象加以解释。有许多保险公司应用概率演算规则, 向股东分配股息, 股息的客观实在性是不容置疑的。为了解释它们, 仅仅诉诸我们的无知和行动的必要性是不够的。因此, 绝对的怀疑论是不可接受的。我们可以不信任, 但不能断然责备一切。讨论是必要的。

I　概率问题的分类

为了对与概率相关的问题进行分类, 我们可以从许多不同角度来看待它们，首先是从**一般性的角度**。我在前面说过，一个事件的概率是正面结果的数目与可能结果的数目之比。我（由于没有一个更好的词）所谓的一般性将随着可能结果的数目而增加。这个数目可以是有限的，例如掷骰子时，可能结果的数目是 36。这是一级一般性。

但如果我们问，比如圆内一点在圆内接正方形内的概率是多少，那么圆内有多少个点，就有多少可能的结果，也就是说有无限个。这是二级一般性。一般性还可以进一步推广。我们可以问一个函数满足给定条件的概率。于是，我们可以设想多少个不同的函数，就有多少可能的结果。这是三级一般性，比如当我们试图在有限数目的观察之后找到最有可能的定律时，我们就达到了三级一般性。

我们也可以采取完全不同的观点。如果我们不是无知的，那就不会有概率，而只可能有确定性。但我们的无知不可能是绝对的，否则也不可能有概率，因为即使达到这种程度的知识也需要一点光明。于是，概率问题可以按照这种无知的深度进行分类。

我们可以提出数学中的概率问题。从对数表中随机抽取一个对数，其第五位小数为 9 的概率是多少？我们会毫不犹豫地回答，这个概率是 $\frac{1}{10}$。这里，我们拥有这个问题的所有数据。我们无需求助于对数表就能计算对数，但我们不必自找麻烦。这是第一种程度的无知。

在物理科学中，我们的无知要更大。一个系统在给定时刻的状态取决于两件事——其初始状态和状态变化所依据的定律。如果我们知道这个定律和这个初始状态，我们就只有一个数学问题需要解决，我们将回到第一种程度的无知。然而，我们常常知道定律，而不知道初始状态。例如有人可能会问，小行星目前的分布是什么？我们知道小行星总是服从开普勒定律，但不知道其初始分布是什么。在气体运动论中，我们假设气体分子走直线路径，并服从弹性碰撞定律。但我们对其初始速度一无所知，所以我们对其现在的速度也一无所知。只有概率演算能使我们预测这些速度组合所产生的平均现象。这是第二种程度的无知。

最后，有可能不仅初始条件未知，定律本身也未知。那样一来，我们就达到了第三种程度的无知，一般来说，我们不再能就一种现象的概率作任何断言。

我们常常不是试图借助我们不太完善的定律知识来预测事件，而是在事件已知的情况下试图发现定律；或者说，我们不是由因溯果，而是由果溯因。这就是所谓的**原因概率**问题，从科学应用的角度来看，这是最有趣的问题。我正在和一位绅士玩埃卡泰纸牌游戏（*écarté*），我知道他非常诚实。他发牌翻出王的概率有多大？是 $\frac{1}{8}$。这是一个结果概率的问题。我和一位我不认识的绅士一起玩牌。他发了 10 次牌，6 次翻出王。他是骗子的概率有多大？这是一个原因概率的问题。可以说，这是实验方法的主要问题。我观察到 x 的 n 个值和 y 的相应值。我发现后者与前者之比几乎是恒定的。这里有一个事件，其原因是什么？是否可能存在一个一般定律，规定 y 与 x 成正比，而小的偏差是由观测误差造成的？这是我们一直在问的一种问题，每当我们做科学研究时，都在不知不觉地解决它。

我现在要依次讨论我所谓的主观概率和客观概率，以考察这些不同类型的问题。

II 数学中的概率

1883 年，化圆为方被证明是不可能的。然而在此之前，所有几何学家都认为这种不可能性是如此"可能"，以至于法兰西科学院不经审查就断然拒绝了每年几位可怜的疯子寄来的关于这一主题的大量论文。科学院错了吗？当然不是，它清楚地知道，这样做不会冒任何扼杀重大发现的危险。科学院无法证明自己是对的，但很清楚自己的直觉不会欺骗它。如果你问科学院院士，他们会回答说："我们比较了一位无名学者发现长期以来一直徒劳寻找的东西的概率和世间又多了一个疯子的概率。在我们看来，后者似乎更大。"这些都是很好的理由，但它们毫无数学意义，而纯粹是心理上的。

如果你进一步追问，他们会补充说："为什么你期望一个超越函数的某个值是代数数？如果 π 是一个代数方程的根，为什么你期望这个根，而不是同一方程的其他根，是函数 sin 2x 的周期呢？"总之，他们会求助于最模糊形式的充足理由律。但他们到底能从中得到什么呢？至多是一条关于如何利用他们时间的行为准则，把时间花在日常工作上，要比阅读一篇激起他们合理怀疑的苦心孤诣之作更有用。但我前面所谓的客观概率与这第一个问题毫无共同之处。

　　而第二个问题则不然。考虑对数表中的前 10000 个对数。在这 10000 个对数中，我随机选出一个。它的第三位小数为偶数的概率是多少？你会毫不犹豫地回答 $\frac{1}{2}$，事实上，如果你在对数表中挑出这 10000 个数的第三位小数，你会发现偶数数字几乎与奇数数字一样多。或者如果你愿意，让我们写出与我们 10000 个对数相对应的 10000 个数，如果相应对数的第三位小数为偶数，那么这些数中的每一个都等于 +1，若为奇数，则为 −1。然后取这 10000 个数的平均值。我会毫不犹豫地说，这 10000 个数的平均值可能为零，如果我将它实际计算出来，我会确证它非常小。

　　然而，这一确证是不必要的。我可以严格证明，这个平均值小于 0.003。要想证明这个结果，需要作很长的计算，这里没有足够的篇幅，读者可参考我在 1899 年 4 月 15 日发表在《科学评论》（*Revue générale des sciences*）上的一篇文章。我只想提请注意这样一点：在这一计算中，我只需要依赖于两个事实，即对数的一阶和二阶导数在所考虑的区间内保持在某些极限之间。因此，我们的第一个结论是，由于任何连续函数的导数都是有限的，所以这个性质不仅对于对数为真，而且对于任何连续函数也为真。

　　如果我事先确定了结果，那么首先是因为我经常观察到其他连续函数的类似事实，其次是因为我在心智中以或多或少无意识的、不完美的方式进行推理，从而使我得出前面的不等式，就像一位熟练的计算者在做完乘法之前意识到答案大致是多少一样。此外，由于我所谓的直觉仅仅是对真实推理的部分洞察，所以可以清楚地看到，为什么观察确证了我的预测，为什么客观概率与主观概率一致。

我将选择以下问题作为第三个例子。任取一个数 u，n 是一个给定的非常大的整数。sin nu 的期望值是多少？这个问题本身毫无意义。要想赋予它意义，需要一个约定，即我们**同意**数 u 在 a 和 a+da 之间的概率等于 φ(a)da；因此，它与无穷小区间 da 的长度成正比，并且等于这个长度乘以一个只依赖于 a 的函数 φ(a)。至于该函数，我将任意选择，但我必须假定它是连续的。当 u 增加 2π 时，sin nu 的值保持不变，我可以不失一般性地假定 u 在 0 和 2π 之间，于是我将可以假设 φ(a) 是一个周期函数，周期为 2π。所求的期望值很容易用一个简单的积分来表示，很容易证明，这个积分小于：

$$\frac{2\pi M_k}{n^k}$$

其中 M_k 为 φ(u) 的 k 阶导数的最大值。于是我们看到，如果 k 阶导数是有限的，那么随着 n 趋于无穷，我们的期望值将趋于零，而且比 $\frac{1}{n^{k-1}}$ 更快地趋于零。

因此，对于非常大的 n，sin nu 的期望值为零。为了确定这个值，我需要一个约定，但**无论这个约定是什么**，结果都相同。当我假设函数 φ(a) 是连续的和周期的时，我只对自己施加了微弱的限制，这些假设是如此自然，以至于我们可以问自己，如何才能避免它们。

通过考察上述三个在各个方面都非常不同的例子，我们一方面看到了哲学家们所谓的充足理由律的作用，另一方面也看到了一个事实的重要性，即某些性质是所有连续函数所共有的。研究物理科学中的概率也会使我们导出同样的结果。

Ⅲ   物理科学中的概率

现在我们来谈谈与我前面所说的第二种程度的无知有关的问题，即我们知道定律，但不知道系统的初始状态。我可以举出很多例子，但我只举一个。在黄道带上，小行星目前可能的分布是什么？我们知道小行星服从开普勒定律。我们甚至可以假定它们的轨道都是圆形的，并且位于同一给定的平面上，而不改变问题的本质。另一方面，我们对其初始分布一无所知，但我们毫不犹豫地断言，如今这种分布几乎是均匀的。为什么呢？

设 b 为小行星在初始零时刻的经度，设 a 为其平均运动。它在目前 t 时刻的经度将为 at+b。说目前的分布是均匀的，就是说 at+b 的倍数的正弦和余弦的平均值为零。我们为什么这样断言呢？

让我们用平面上的一点，即坐标为 a 和 b 的点，来表示每颗小行星。所有这些表示点都被包含在该平面的某一区域内，但由于有许多表示点，所以这个区域看起来布满了点。关于这些点的分布，我们一无所知。如果我们想把概率演算应用于这样的问题，我们该怎么办呢？一个或多个表示点位于平面给定区域的概率是多少？由于无知，我们只好作一个任意的假设。为了解释这个假设的本质，请允许我用一个粗糙但具体的图像来代替数学公式。想象一下，我们将一种密度连续变化的假想物质散布在我们平面的表面上。然后我们会同意说，某一平面区域内表示点的可能数目与在那里发现的假想物质的量成正比。于是，如果有面积相同的两个平面区域，那么一颗小行星的表示点位于其中一个区域的概率，将与该区域内假想物质的平均密度相同。于是这里有两种分布：一种是真实的，其中表示点很多、很密集，但像原子假设中的物质分子一样是离散的；另一种远离真实，其中我们的表示点被连续的假想物质所取代。我们知道后者不可能是真实的，但由于无知，我们不得不采用它。

再者，如果我们对表示点的实际分布有某种想法，我们可以这样排列它，使得在一定范围的某个区域内，这种连续的假想物质的密度几乎与表示点的数目成正比，或者如果你愿意，与这个区域内包含的原子数成正比。甚至连这本身也是不可能的，而且我们是如此无知，以至于我们不得不任意选择函数来定义我们假想物质的密度。我们将被迫采用一种我们很难避免的假设，即假设这个函数是连续的。正如我们将要看到的，这足以使我们得出结论。

小行星在 t 时刻的可能分布是什么？或者更确切地说，t 时刻经度的正弦即 sin(at+b) 的可能值是什么？起初我们作了一项任意的约定；但如果我们采用它，这个可能的值就被完全定义了。让我们把平面分解为面元。考虑 sin(at+b) 在每个面元中心的值。将这个值乘以面元的面积和假想物质的相应密度。然后对平面上的所有面元求和。根据定义，这个和将是所求的可能平均值，从而可以用二重积分来表示。我们起初也许认为，这个平均值取决于如何选择定义假想物质密度的函数 φ，而且由于这个函数 φ 是任意的，所以我们可以根据我们所作的任意选择得到某个平均值。但事实并非如此。

简单的计算表明，我们的二重积分随着 t 的增加而迅速减小。因此，对于这种或那种初始分布的概率，我不太确定应该作什么假设。然而，无论作什么假设，结果都是一样的，这使我摆脱了麻烦。无论函数 φ 可能是什么，随着 t 的增加，平均值趋于零，而且由于小行星肯定已经完成了许多次旋转，我可以断言这个平均值非常小。我可以随意选择 φ，但有一个限制：该函数必须是连续的。事实上，从主观概率的角度来看，选择非连续函数将是不合理的。例如，我有什么理由假设初始经度可能恰好为 0°，但不能介于 0° 和 1° 之间呢？

如果我们从客观概率的角度来看，也就是说，如果我们从想象中的分布（假设这种假想的物质是连续的）过渡到真实的分布（我们的表示点类似于离散的原子），那么这个问题会再次出现。sin(at+b) 的平均值将被径直表示为：

$$\frac{1}{n}\sum \sin(at+b) ,$$

其中 n 是小行星的数目。我们将有离散项的总和，而不是一个连续函数的二重积分。但没有人会认真怀疑，这个平均值实际上非常小。由于表示点非常密集，所以我们的离散总和一般来说与积分相差不大。积分就是各项的总和在其项数无限增加时所趋向的极限。如果项数很多，则总和将与极限相差很小，也就是说与积分相差很小，我就积分所说的内容对于总和本身来说仍然为真。

不过也有例外。例如，如果对于所有小行星，我们有：

$$b=\frac{\pi}{2} -at,$$

那么所有行星在 t 时刻的经度将为 $\frac{\pi}{2}$，其平均值显然等于 1。为了实现这一点，所有小行星在 0 时刻必须都位于一种螺旋圈非常密集的特殊形状的螺旋上。每个人都会承认，这样一种初始分布是极不可能的（即使初始分布是如此，它在当前时刻——比如在1900年1月1日——也不会均匀，但几年以后会变得均匀）。

　　那么，我们为什么认为这种初始分配是不可能的？我们必须做出解释，因为如果没有理由认为这个荒谬的假设是不可能的，我们的研究将会垮掉，我们将不再能就目前某种分布的概率做出任何断言。我们将再次诉诸充足理由律，而且必须总是回到这一原理。可以承认，行星起初几乎分布在一条直线上，或者其分布是不规则的。然而在我们看来，似乎没有充足的理由认为，产生它们的未知原因沿着一条规则但又非常复杂的曲线起作用，这条曲线似乎被明确选择出来，使目前的分布并不均匀。

Ⅳ　红与黑

　　像轮盘赌这样的机会游戏所引出的问题，本质上与我们刚才讨论的问题完全类似。例如，一个轮盘被分成红黑相间的许多相等的格。用力旋转指针，多次旋转后，指针停在其中一格上。这个格为红色的概率显然为 $\frac{1}{2}$。指针旋转的角度为 θ，且包括若干整圈。我不知道用力旋转指针，使这个角度在 θ 和 $\theta+d\theta$ 之间的概率有多大。但我可以作一项约定。我可以假设这个概率为 $\phi(\theta)d\theta$。至于函数 $\phi(\theta)$，我可以完全任意地选择它。没有任何东西能够指导我的选择，但我自然地假设这个函数是连续的。

　　设 ε 为每个红格或黑格的长度（在单位半径的圆周上进行测

量）。要想计算 $\phi(\theta)d\theta$ 的积分，必须一方面将它扩展到所有红格，另一方面将它扩展到所有黑格，并对结果进行比较。考虑区间 2ε，它由一个红格和紧随之后的黑格所组成。设 M 和 m 为函数 $\phi(\theta)$ 在该区间的最大值和最小值。扩展到红格的积分将小于 $\sum M\varepsilon$，扩展到黑格的积分将大于 $\sum m\varepsilon$。因此，差值将小于 $\sum(M-m)\varepsilon$。但若假设函数 ϕ 是连续的，而且区间 ε 与指针旋转的总角度相比很小，那么差值 M-m 将非常小。因此，这两个积分之差将很小，概率将非常接近于 $\frac{1}{2}$。

我们看到，在对函数 ϕ 一无所知的情况下，我们必须像概率为 $\frac{1}{2}$ 那样去行动。另一方面，从客观角度来看，它也解释了为什么当我观察若干次试验时，观察到黑色和红色的次数会基本相同。所有赌徒都知道这一客观法则，但这却使他们犯下一个显著的错误，这个错误常被人指出，但他们总是陷入其中。例如，当红色连赢六次时，他们把赌注都押在黑色上，相信自己一定会赢，因为他们说，红色连赢七次是非常罕见的。实际上，他们获胜的概率仍然是 $\frac{1}{2}$。诚然，观察表明，红色连续出现七次的情况非常罕见，但出现六红一黑也同样罕见。他们注意到，红色连续出现七次是罕见的。如果他们没有注意到出现六红一黑也是罕见的，那只是因为这样的系列不太引人注意。

V　原因概率

现在我们来谈谈原因概率问题，从科学应用的角度来看，这是最重要的问题。例如，两颗恒星在天球上离得非常近。这种表观的临近纯粹是偶然的结果吗？这些恒星虽然几乎在同一视线上，但与地球的距离是否非常不同，因此彼此之间非常遥远呢？或者，这种表观的临近对应于实际的临近吗？这是一个原因概率问题。

首先，我想起，在迄今为止我们关注的所有结果概率问题之初，我们都要使用一个或多或少被证明为合理的约定。如果在大多数情况下，结果在某种程度上不依赖于这一约定，那只是因为某些假设使我们能够先验地拒绝非连续函数或某些荒谬的约定。

处理原因概率时，我们会再次发现某种类似的东西。一个结果可能由原因 A 或原因 B 所产生。该结果刚刚被观察到了，我们问它由 A 产生的概率。这是**后验的**原因概率；但如果一个合理的约定没有**事先**告诉我原因 A 起作用的**先验**概率是多少，我指的是对于某个没有观察到这一结果的人而言这个事件的概率，我就无法计算它。

为了表达得更清楚，我回到上面提到的埃卡泰纸牌游戏的例子。我的对手首先发牌，翻出了王。他是骗子的概率是多少？通常教导的公式给出 $\frac{8}{9}$，这显然是一个相当令人惊讶的结果。经过更仔细的检查，我们发现已经得出结论，就好像**我坐到桌旁之前**就已经认为，我的对手有二分之一的可能性是不诚实的。这是一个荒谬的假设，因为那样一来，我肯定不会和他玩牌，这解释了该结论的荒谬性。关于先验概率的约定是不合理的，因此后验概率的演算使我得出了一个不可接受的结果。这个预备约定的重要性是显而易见的。我甚至要补充说，如果不作任何预备约定，后验概率问题将毫无意义。我们必须总是或明或暗地做出预备约定。

　　让我们来看一个更为科学的例子。我希望确定一个实验定律。该定律被发现时，可以用一条曲线来表示。我做了一些孤立的观察，每一个观察都可以用一点来表示。确定这些不同的点之后，我在它们之间尽可能仔细地作一条曲线，使曲线具有规则形状，避免尖锐的角、急剧的弯曲或曲率半径的突然变化。对我来说，这条曲线表示了可能的定律，它不仅给出了介于观察值之间的函数值，而且比直接观察更准确地给了我观察值本身；因此我让曲线通过这些点的附近，而不是通过这些点本身。

　　这里有一个原因概率问题。结果是我所记录的测量，这些结果取决于两种原因的组合：现象的真实定律和观测误差。既已知道结果，我们必须确定现象服从某个定律的概率，以及观测受某个误差影响的概率。因此，最有可能的定律对应于我们绘制的曲线，影响观测的最有可能的误差由对应点与该曲线之间的距离来表示。

　　然而，如果在观测之前，我没有对某个定律的概率或我所面临的误差概率有一种先验认识，这个问题将毫无意义。如果我的仪器很好（我在观测之前就知道这一点），我就不会让曲线远离表示原始测量的点。如果仪器不好，我可以使曲线离点远一些，以便得到一条不那么弯曲的曲线；为了规则性，我将牺牲更多东西。

　　那么，我为什么要画一条没有曲折的曲线呢？这是因为我先验地认为，用连续函数（或高阶导数很小的函数）表示的定律要比不满足这些条件的定律更有可能。如果没有这种信念，我们正在讨论的问题将毫无意义；内插将是不可能的；从有限的观测中推导不出任何定律；科学将不存在。

50 年前，物理学家认为，在其他条件相同的情况下，简单的定律比复杂的定律更有可能。他们甚至援引这一原理来支持马略特定律，反对勒尼奥（Regnault）的实验。这一信念现已被抛弃，但我们有多少次不得不表现得就好像仍然坚持这一信念似的！无论如何，这种倾向留下的是对连续性的信念，正如我们刚才看到的，如果这种信念消失了，实验科学将变得不可能。

VI　误差理论

因此，我们将讨论与原因概率问题直接相关的误差理论。这里，我们再次注意到**结果**，即若干无法调和的观察，并试图推测**原因**，这些原因一方面是所测量量的真值，另一方面则是在每一个孤立观察中产生的误差。我们必须计算每一个误差的**后验**可能值，从而计算所测量量的可能值。但正如我刚才解释的，如果不先验地——即在作任何观测之前——承认存在着误差概率定律，就不能作这样的计算。误差定律存在吗？

所有统计学家都承认的误差定律是高斯定律，它由某种被称为"钟形曲线"的超越曲线来表示。但首先，我们不妨回想一下系统误差与偶然误差之间的经典区别。如果用过长的米尺测量长度，我们得到的数会太小，测量多次也没有用。这是一个系统误差。然而，如果用准确的米尺测量长度，我们可能会出错，发现长度有时过大，有时过小，当我们取大量测量的平均值时，误差将趋于减小。这些是偶然误差。

显然，系统误差并不服从高斯定律，但偶然误差能服从吗？人们已经尝试了无数证明，几乎所有证明都是粗糙的谬论。但我们可以从以下假设开始证明高斯定律：偶然误差是由大量独立的部分误差造成的；每一个部分误差都很小，而且服从某种概率定律，其中正误差的概率等于相等负误差的概率。显然，这些条件常常但并不总是得到满足，我们可以把"偶然"之名留给满足这些条件的误差。

我们看到，最小二乘法并非在所有情况下都是合法的。物理学家通常比天文学家更怀疑它，这无疑是因为，除了与物理学家一起遇到的系统误差，天文学家还必须应对一个完全偶然的极其重要的误差来源——我指的是大气湍流。因此，听到物理学家与天文学家讨论观测方法是很奇怪的。物理学家深信，一次好测量比多次坏测量更有价值，他最关心通过采取一切预防措施来消除所有系统误差，而天文学家反驳说："但这样一来，你只能观测少数恒星，偶然误差将不会消失。"

我们应当得出什么结论呢？应该继续使用最小二乘法吗？我们必须做出一些重要区分。我们已经消除了所有可疑的系统误差。我们很清楚还有其他误差，但找不到它们。但我们必须下决心采用一个明确的值，它将被视为可能的值；要想做到这一点，最好的办法显然是应用高斯定律。我们只应用了一条关于主观概率的实用规则。这里无需多说。

但我们想更进一步说，不仅可能值是一个数值，而且结果的可能误差是另一个数值，**这是绝对不合理的**。只有我们确信所有系统误差都被消除了，它才为真，而我们对此一无所知。我们有两组观察。通过应用最小二乘法规则，我们发现第一组观察的可能误差是第二组观察的一半。然而，第二组观察可能比第一组观察更准确，因为第一组观察也许会受到很大系统误差的影响。我们只能说，第一组观察**可能**比第二组观察好，因为它的偶然误差较小，而且我们没有理由声称一组观察的系统误差大于另一组观察的系统误差，我们对于这一点是绝对无知的。

Ⅶ　结　论

在上文中，我提出了许多问题，但没有解决任何一个。不过我并不后悔写出这些问题，因为它们也许会激励读者反思这些微妙的问题。

无论如何，一些观点似乎已经确立。为了计算概率，甚至为使这种计算有意义，必须以总是包含一定程度任意性的某个假设或约定为出发点。在选择这一约定时，我们只能以充足理由律为指导。不幸的是，这一原理是非常模糊和灵活的，在我们刚才所作的粗略考察中，我们已经看到它有许多不同的形式。我们最常遇到的形式是对连续性的信念，这种信念的合理性很难用必然推理来证明，但没有它，所有科学都是不可能的。最后，概率演算在哪里可以合理应用的问题是结果独立于初始假设的那些问题，只要该假设满足连续性条件。

第十二章 光学和电学

菲涅耳的理论

[为了说明假设在科学中的作用,]我们可以选择的最佳例子[①]是光理论及其与电理论的关系。由于菲涅耳的工作,光学成为最先进的物理学分支。虽然所谓的波动说有思想上的吸引力,但我们不能要求它提供它所不能提供的东西。数学理论的目标不是揭示事物的真实本质,这样的要求是不合理的。其唯一目标是协调实验向我们揭示的物理定律,但如果没有数学的帮助,我们甚至无法陈述这些定律。

以太是否真的存在对我们来说无关紧要,让我们把这个问题留给形而上学家。对我们来说最重要的是,一切都像以太存在那样发生,这个假设对于解释现象很有用。毕竟,我们还有其他理由相信物体的存在吗?那也只是一个有用的假设,只不过它总是有用的,总有一天,以太无疑会作为无用之物而遭到拒斥。但即使在那一

---

① 本章部分复制了我两部著作的序言: *Théorie mathématique de la lumière* (Paris: Naud, 1889) 和 *Électricité et optique* (Paris: Naud, 1901)。

天，光学定律及其解析变换方程也仍然为真，至少在一级近似下是如此。因此，研究将所有这些方程联系在一起的任何理论学说总是有用的。

波动说建立在分子假设的基础上，对于那些自认为正在揭示定律背后原因的人来说，这是一个优势。而在其他人看来，这却是引发怀疑的理由。不过在我看来，他们的怀疑和前者的信念一样毫无根据。这些假设只起次要作用，可能会被牺牲掉。之所以通常没有这样做，仅仅是因为那样会使论述变得不清晰。事实上，如果我们更仔细地考察这种情况，会发现我们只从分子假设中借用了两种东西：能量守恒原理和方程的线性形式，后者是一切小运动和小变化的一般定律。这就解释了为什么采用光的电磁理论时，菲涅耳的大多数结论保持不变。

麦克斯韦的理论

正如我们所知，正是麦克斯韦把光学和电学紧密联系在一起，在此之前，这两个物理学分支是完全分开的。菲涅耳的光学以更大的统一性与一个更大的整体相融合，仍然充满活力。它的各个部分仍然存在，彼此之间的关系仍然相同。只是我们用来表达它们的语言改变了。此外，麦克斯韦还向我们揭示了光学的不同分支与电学领域之间此前未知的其他关系。

当法国读者第一次打开麦克斯韦的著作时，他的钦佩起初会夹杂着一种不安甚至怀疑之感。只有经过长期钻研并付出巨大努力，这种印象才会消失。一些著名人物从未失去这种感觉。为什么我们这样难以适应这位英国科学家的思想呢？这无疑是因为，大多数有教养的法国人所接受的教育使他们倾向于欣赏精确性和逻辑性甚于任何其他品质。在这方面，早期的数学物理学理论完全能使我们满意。我们所有伟大的科学家，从拉普拉斯到柯西，都以同样的方式进行着研究。他们从明确的假设出发，推导出具有数学严格性的结论，再与实验进行比较。他们似乎想把天体力学那样的精确性赋予每一个物理学分支。

习惯于欣赏这些模型的人不容易被理论所满足。他不仅不会容许出现任何矛盾，而且会要求各个部分在逻辑上彼此关联，并将假设的数目减少到最低限度。不仅如此，他还会有在我看来不太合理的其他要求。在我们的感官所能通达的、实验向我们揭示的物质背后，思想者还期望看到另一种物质，在他看来这是唯一真实的物质，这种物质只具有纯粹的几何性质，其原子将只是服从动力学定律的数学点罢了。然而，由于一种没有意识到的矛盾，他将试图想象这些看不见的无色原子，从而尽可能地将它们等同于普通物质。只有这样，他才会完全满意，才会设想自己已经揭示了宇宙的秘密。即使这种满意是错误的，他也很难放弃。

在阅读麦克斯韦时，法国读者期望找到一个基于以太假设的像物理光学一样逻辑和精确的理论体系；这样一来，他要做好失望的准备；正是为了避免这种失望，我才想提醒读者，他在麦克斯韦的书中能找到什么以及不能找到什么。麦克斯韦并没有对电和磁进行力学解释，他只是表明这种解释是可能的。他还表明，光现象只是电磁现象的一个特例。因此，从整个电理论可以直接导出光理论。不幸的是，反过来并不成立，因为由光的完整解释并不总是很容易导出电现象的完整解释。如果我们想从菲涅耳的理论出发，这尤其困难。虽然这并非不可能，但我们仍然要问，我们是否要被迫放弃我们认为已经明确获得的一些美妙成果。这似乎是一种退步，许多心智健全的人都不愿接受它。

即使读者同意降低期望，他也会遇到其他困难。这位英国科学家并不试图建造一座独特的、最终的、秩序井然的大厦，而似乎是在建造大量临时的独立建筑，这些建筑之间很难交流，有时甚至不可能交流。让我们以通过电介质中的压力和张力来解释静电吸引的那一章为例，省略这一章不会使该书的其余部分显得不够清晰或不够完整。这一章包含着一个自足的理论，即使不读它的上下文也能理解它。但它不仅独立于该书的其余部分，而且与该书的基本思想并不一致。麦克斯韦甚至没有尝试调和它，而只是说："我没能迈出下一步，也就是通过力学思考来解释电介质中的这些应力。"虽然这个例子足以表明我的意思，但我还可以引用更多例子。例如，在阅读讨论磁致旋转偏振的内容时，谁会怀疑光现象与磁现象之间存在同一性呢？

因此，我们不要指望避免所有矛盾，而应接受它们。只要我们不把两种相互矛盾的理论结合在一起，也不在其中寻找对事物的解释，则它们无疑都是有用的研究工具。倘若麦克斯韦没有向我们开启这么多新的研究道路，读他的书可能就不那么有启发性了。然而，基本观念仍然隐而不明，以至于在大多数普及性作品中，只有这一点完全未被触及。为了显示这一点的重要性，我应当简要解释这种基本观念。

物理现象的力学解释

在每一种物理现象中，都有一定数量的参数可以通过实验直接获得和测量，我称之为参数 q。然后，观察揭示了这些参数的变化定律，这些定律通常可以用微分方程的形式来表达，这些方程将参数 q 与时间联系起来。要给出这种现象的力学解释，我们需要做什么呢？我们可以尝试用普通物质的运动来解释它，或者用一种或多种假想的流体来解释它。这些流体将被认为由大量孤立的分子 m 所构成。那么，我们何时可以说，我们对这一现象有了完整的力学解释呢？一方面，当我们知道了这些假想分子 m 的坐标所满足的微分方程，且这些方程必须符合动力学原理时，解释就完整了；另一方面，当我们知道了将分子 m 的坐标定义为可以用实验获得的参数 q 的函数的关系时，解释就完整了。

正如我所说，这些方程必须符合动力学原理，特别是符合能量守恒原理和最小作用原理。前一原理告诉我们，总能量是恒定的，而且这个能量可以分为两个部分：

1. 动能或活力（*vis viva*），它取决于假想分子 m 的质量和它们的速度，我称之为 T。

2. 势能，它只取决于这些分子的坐标，我称之为 U。两个能量 T 和 U 之和是恒定的。

那么，最小作用原理能告诉我们什么呢？它告诉我们，要从在 t_0 时刻的初始位置到 t_1 时刻的最终位置，系统所走的路径必须使得在 t_0 时刻与 t_1 时刻的时间间隔内，"作用"（即 T 和 U 这两个能量之差）的平均值尽可能小。此外，能量守恒原理是最小作用的推论。如果两个函数 T 和 U 已知，则最小作用原理足以确定运动方程。在从一个位置到另一个位置的所有路径中，显然有一条路径的作用平均值小于所有其他路径的作用平均值。而且只存在一条路径，这意味着最小作用原理足以确定所走的路径，从而确定运动方程。

这样我们就得到了所谓的拉格朗日方程。在这些方程中，自变量是假想分子 m 的坐标；不过我现在假定，我们把可用实验测量的参数 q 当作变量。于是，应把能量的两个组成部分表示为参数 q 及其导数的函数。显然，它们将以这种形式出现在实验者面前。实验者自然会力图借助他所能直接观察的量来定义势能和动能。[①]

在这些条件下，系统将始终沿着平均作用最小的路径从一个位置移到另一个位置。现在，不论我们是借助参数 q 及其导数来表示 T 和 U，还是借助这些参数来定义初始位置和最终位置，实际上并不重要；最小作用原理将始终为真。这里同样，在从一个位置到另一个位置的所有路径中，有且只有一条路径的平均作用最小。因此，最小作用原理足以确定定义参数 q 的变化的微分方程。

由此得到的方程是拉格朗日方程的另一种形式。为了形成这些方程，我们无需知道参数 q 与假想分子坐标之间的关系，也无需知道这些分子的质量，亦无需知道 U 作为这些分子坐标函数的表达式。我们只需要知道 U 作为 q 的函数的表达式，以及 T 作为 q 及其导数的函数的表达式，即动能和势能作为实验数据的函数的表

---

① 我们可以补充说，U 将只取决于参数 q，T 将取决于参数 q 及其时间导数，而且是关于这些导数的二次齐次多项式。

达式。

我们面临两种可能性：要么对于恰当选择的函数 T 和 U，我们刚才构建的拉格朗日方程将与实验导出的微分方程相同，要么没有 T 和 U 函数使这种同一性得以出现。在后一情况下，显然不可能有任何力学解释。

因此，要使力学解释成为可能，**必要**条件是能够选择函数 T 和 U，以满足最小作用原理，这也包括能量守恒原理。而且，这也是**充分**条件。假定我们找到了参数 q 的一个函数 U，它表示能量的一个组成部分，用 T 表示的另一个能量组成部分是参数 q 及其导数的函数，而且是关于这些导数的二次齐次多项式，最后，借助 T 和 U 这两个函数形成的拉格朗日方程符合实验数据。我们如何由此导出力学解释呢？必须把 U 看成一个系统的势能，把 T 看成这个系统的活力。就 U 而言，这并不困难，但可以把 T 看成一个物质系统的活力吗？很容易表明，这始终是可能的，而且有无数种方式。若想了解更多细节，读者可参阅我的作品《电学与光学》(*Électricité et optique*)的序言。

因此，如果不能满足最小作用原理，就不可能有力学解释。如果可以满足最小作用原理，那么力学解释就不仅有一种，而且有无数种，这意味着只要有一种力学解释，就会有无数种力学解释。

还有一点需要指出。在可以通过实验直接获得的量中，我们将其中一些量视为我们假想分子坐标的函数。这些是我们的参数 q。其他参数将被认为不仅取决于坐标，而且取决于速度，或者换句话说，取决于参数 q 的导数，或者这些参数及其导数的组合。

于是问题出现了：在所有这些可以用实验测量的量中，我们应该选择哪一个来表示参数 q 呢？应把哪一个视为这些参数的导数呢？这种选择在很大程度上仍然是任意的，但要使力学解释成为可能，我们只需以符合最小作用原理的方式进行选择。

接着麦克斯韦问，他的这个选择以及对 T 和 U 这两种能量的选择能否使电现象满足最小作用原理。实验表明，电磁场的能量可以分为两部分：静电能和电动能。麦克斯韦认识到，如果我们把前者看成势能 U，把后者看成动能 T，此外，如果把导体的静电荷看成参数 q，把电流强度看成其他参数 q 的导数，那么在这些条件下，电现象确实满足最小作用原理。从那时起，他确信力学解释是可能的。倘若他在第一卷的开头就阐述这一理论，而不是将它留到第二卷的一个不起眼的角落，大多数读者就不会忽视它。

因此，如果可以对现象作一种完整的力学解释，那么就可以对现象作无数种其他解释，这些解释都能说明实验揭示的所有具体细节。各个物理学分支的历史都确证了这一点。例如在光学中，菲涅尔认为振动垂直于偏振面。而诺依曼（Neumann）则认为，振动平行于偏振面。长期以来，人们一直在寻找一个能让我们在这两种理论之间做出裁定的"判决性实验"，但没有找到。同样，在不离开电学领域的情况下，我们可以看到，双流体理论和单流体理论都能令人满意地解释所有静电学定律。所有这些事实都很容易用我刚才提到的拉格朗日方程的性质来解释。

现在很容易理解麦克斯韦的基本观念。为了证明电的力学解释的可能性，我们不必费心去寻找这种解释本身。我们只需要知道作为能量两个组成部分的 T 和 U 这两个函数的表达式，用这两个方程来形成拉格朗日方程，然后将这些方程与实验定律进行比较就够了。

在没有实验帮助的情况下，我们如何在所有可能的解释之间做出选择呢？也许有朝一日，物理学家会对这些实证方法[1]无法解决的问题失去兴趣，而把它们交给形而上学家。但这一天尚未到来；承认自己永远不晓得事物的根由并不容易。

因此，我们的选择只能以个人判断起很大作用的考虑为指导。不过，有些解决方案人人都会拒绝，因为它们太过荒诞和离奇，另一些解决方案人人都会喜欢，因为它们简单。至于电和磁，麦克斯韦没有做出任何选择。这并不是说他系统地反对用实证方法无法达到的任何东西，他花在气体运动论上的时间就充分证明了这一点。我可以补充说，虽然他在其大作中没有给出任何完整的解释，但在《哲学杂志》(*Philosophical Magazine*)的一篇文章中，他曾试图给出一种解释。他不得不做出的假设奇特而复杂，以致后来放弃了。

同样的精神贯穿于他的整个作品。本质性的东西，也就是所有理论共同的东西，已被凸显出来；任何只适合特定理论的东西几乎总是被忽略。于是，读者遇到了一种几乎没有实质内容的形式，起初不禁把它当成一种飘忽不定、难以捉摸的幻影。然而在付出必要的努力之后，读者最终认识到，在他们曾经钦佩的理论结构中往往存在着相当人为的东西。

---

[1] 即实验方法。——中译者

第十三章 电动力学

从我们的角度来看，电动力学的历史尤其富有启发性。安培不朽作品的标题为《仅仅基于实验的电动力学现象理论》(*Théorie des phénomènes électrodynamiques, uniquement fondée sur l'expérience*)。因此，他想给人一种他未作**任何**假设的印象，然而，正如我们很快就会看到的，他确实作了假设，只是没有意识到罢了。另一方面，他的追随者们清楚地看到了这些假设，因为安培表述中的缺陷引起了他们的注意。他们提出了新的假设，并充分意识到这一点。然而，在达到今天的经典体系之前，这些假设还必须作多次修改，而且我们将会看到，即使连这一体系可能也不是最终的。

I 安培的理论

在对电流的相互作用作实验研究时，安培只用闭路电流而且只能用闭路电流进行操作，尽管他并没有否认开路电流的存在或可能性。如果两个导体分别带正电和负电，用导线将其连接起来，那么这两个导体之间就会产生电流，直到两个电势相等为止。按照安培时代的观念，这是一种开路电流。人们知道电流从第一个导体流向第二个导体，但不知道电流从第二个导体流回第一个导体。安培认为所有这种电流都是开路电流，比如电容器的放电电流，但他无法对其进行实验研究，因为它们的持续时间太短。

我们还可以设想另一种开路电流。假定有两个导体 A 和 B，用导线 AMB 将它们连接起来。运动中的微小导体首先与导体 B 接触并获得电荷，然后离开导体 B，携带电荷沿着 BNA 运动，再与 A 接触并放电，然后沿导线 AMB 回到 B。

在某种意义上，这确实是一个闭合电路，因为电流经闭合电路 BNAMB；然而，这一电流的两个部分是非常不同的。在导线 AMB 中，电流经一个固定导体，像伏打电流一样克服电阻并产生热量。我们说，电是通过**传导**运动的。在 BNA 部分中，电是被一个运动**导体传输**的，在这种情况下，我们说它是通过**运流**移动的。

于是，如果认为运流电流与传导电流完全类似，那么电路 BNAMB 是闭合的。相反，如果运流电流不是"真正的电流"，比如对磁铁不起作用，那么就只存在传导电流 AMB，它是**开路**电流。例如，如果我们用导线连接霍尔茨（Holtz）起电机的两极，那么带电的旋转圆盘通过运流将电从一极传到另一极，电又通过传导沿导线回到第一极。然而，强度很大的这种电流很难产生。考虑到安培所掌握的手段，我们几乎可以说这是不可能的。

简而言之，安培能够设想存在两种开路电流，但他无法对其中任何一种进行实验，因为它们不够强或持续时间太短。因此，实验只能向他表明一个闭路电流对另一闭路电流的作用，或者更准确地说，表明一个闭路电流对部分电流的作用，因为可以让电流流经一个由运动部分和固定部分所组成的闭合电路。于是，可以研究运动部分在另一闭路电流作用下的位移。另一方面，安培无法研究开路电流对闭路电流或另一开路电流的作用。

1. 闭路电流的情况

在两个闭路电流相互作用的情况下，实验向安培揭示了一些非常简单的定律。稍后我会简要提及与我们相关的定律。

1° **如果电流强度保持恒定**，而且如果两个电路发生任何位移和变形之后最终回到其初始位置，则电动作用所做的总功为零。换句话说，两个电路的**电动势**与其强度的乘积成正比，并且取决于电路的形状和相对位置。电动作用所做的功等于此电势的变化。

2° 闭合螺线管的作用为零。

3° 电路 C 对另一个伏打电路 C′ 的作用只取决于电路 C 所产生的"磁场"。事实上，在空间中的每一点，我们都可以确定所谓**磁力**的大小和方向，这个力有以下性质：

（1）C 对磁极施加的力作用于该磁极。它等于磁力乘以该磁极的磁质量。

（2）极短的磁针倾向于与磁力方向对齐，而倾向于使之反向的相反的力正比于磁针磁矩的磁力与磁倾角的正弦之乘积。

（3）如果移动电路 C′，则 C 对 C′ 施加的电动作用所做的功将等于通过电路的"磁力流"的增加。

2. 闭路电流对部分电流的作用

由于安培无法产生严格意义上的开路电流，他只有一种方法来研究闭路电流对部分电流的作用，即对由两部分组成的电路 C′ 进行操作，其中一部分固定，另一部分可动。例如，可动部分是一条

可移动的导线 αβ，其端点 α 和 β 可以沿一条固定的导线滑动。在可动导线的一个位置，端点 α 位于固定导线的 A 点，端点 β 位于固定导线的 B 点。电流从 α 流向 β，即沿着可动导线从 A 流向 B，然后沿着固定导线从 B 回到 A。**因此，这个电流是闭路的**。

在第二个位置，可动导线已经滑动，端点 α 位于固定导线的另一点 A′，端点 β 位于固定导线的另一点 B′。然后电流从 α 流到 β，即沿着可动导线从 A′ 流到 B′，再沿着固定导线从 B′ 回到 B，接着从 B 到 A，最后从 A 到 A′。因此，这个电流也是闭路的。如果一个类似的电路受到闭路电流 C 的作用，那么可动部分将会移动，就好像受到力的作用一样。安培**假设**，可动部分 AB 似乎受到的、表示 C 对电流部分 αβ 的作用的那个力保持不变，无论终止于 α 和 β 的开路电流流经 αβ，还是闭路电流先流到 β，再经由电路的固定部分回到 α。

这一假设似乎非常自然，安培是无意中假设它的；但**它并不是必要的**，因为正如我们稍后会看到的，亥姆霍兹拒绝接受它。不过，虽然安培从未产生开路电流，但这一假设仍然使他能够阐明闭路电流对于开路电流甚至对于电流元的作用定律。

这些定律很简单：

1° 作用于电流元的力施加于该电流元。它与该电流元和磁力成直角，且正比于与该电流元成直角的磁力分量。

2° 闭合螺线管对电流元的作用为零。

然而，电动势消失了，也就是说，当强度保持恒定的闭路电流和开路电流回到其初始位置时，所做的总功不是零。

3. 持续转动

最引人注目的电动实验是那些产生持续转动的实验，它们有时被称为**单极感应**实验。磁铁可以绕轴转动；电流先流经固定导线，然后经由磁极 N 进入磁铁，然后流过一半磁铁，再由滑动触点流出，重新流入固定导线。于是，磁铁开始持续转动，但始终达不到平衡。这是法拉第的实验。

这是如何可能的呢？如果我们讨论的是两个形状不变的电路，一个是固定电路 C，另一个是能够绕轴转动的电路 C′，那么后者永远也不会持续转动，因为存在电动势。因此，必然存在一个平衡位置，此时电动势最大。

正如法拉第的实验所表明的，只有当电路 C′ 由两部分组成，一部分是固定的，另一部分绕轴转动时，持续转动才是可能的。同样，这里我们不妨作一个区分：从固定部分到可动部分，或者从可动部分到固定部分，既可以通过简单接触（可动部分的同一点始终接触固定部分的同一点）来实现，也可以通过滑动接触（可动部分的同一点相继接触固定部分的不同点）来实现。

只有在第二种情况下，才能实现持续转动。接着发生的是：系统趋向于找到一个平衡位置，但在几乎达到平衡时，滑动接触使可动部分与固定部分的一个新点相接触。这个新点改变了连接，从而改变了平衡条件，使得平衡位置一直在躲避试图达到平衡位置的系统，所以转动可以无限持续下去。

安培假设，电路对 C′ 的可动部分的作用与 C′ 的固定部分不存在时一样，从而与流过可动部分的电流是开路电流时一样。他得出结论说，闭路电流对开路电流的作用，或者反过来，开路电流对闭路电流的作用，可以引起持续转动。但这个结论依赖于我刚才阐述的假设，正如我前面所说，亥姆霍兹拒绝承认这一假设。

4. 两个开路电流的相互作用

关于两个开路电流的相互作用，特别是两个电流元的相互作用，完全缺乏实验。安培求助于假设，他假定：

1° 两个电流元的相互作用可以归结为沿其连线起作用的力；

2° 两个闭路电流的作用是其各个电流元相互作用的合量，这些相互作用与电流元被孤立时相同。

这里引人注目的同样是，安培作了两个假设而没有意识到这一点。尽管如此，这两个假设连同关于闭路电流的实验，足以完全确定两个电流元相互作用的定律。但这样一来，我们在闭路电流的情况下遇到的大多数简单定律不再为真。首先，不存在电动势；正如我们看到的，在闭路电流作用于开路电流的情况下，也从不存在任何电动势。其次，严格说来不存在磁力。事实上，我们前面已经以三种不同方式定义了这个力：

1° 根据磁极所受的作用；

2° 根据磁针的定向转矩；

3° 根据电流元所受的作用。

在目前考虑的情况下，这三个定义不仅相互冲突，而且都没有意义。事实上：

1° 磁极不再仅仅受到施加在该磁极上的单一力的作用。事实上，我们已经看到，电流元对磁极的作用所产生的力不是施加在磁极上，而是施加在电流元上。此外，它可以由转矩施加在磁极上的力来代替。

2° 作用于磁针的转矩不再是简单的定向转矩，因其相对于磁针轴的力矩不是零。严格说来，它可以分解为一个定向转矩和一个倾向于产生上述持续转动的附加转矩。

3° 最后，电流元所受的力与该电流元不成直角。

换句话说，**磁力的统一性已经消失**了。这种统一性包含以下内容：对磁极有相同作用的两个系统，将对无穷小的磁针或者位于磁极所在空间同一点上的电流元有相同的作用。如果这两个系统只包含闭路电流，那么这将为真，而根据安培的说法，如果这两个系统包含开路电流，那么这将不再为真。

简单地说，如果磁极位于 A，电流元位于 B，而且电流元的方向沿着直线 AB 的延长线，那么该电流元将不会对该磁极产生作用，尽管它会对 A 点的磁针或电流元产生作用。

5. 感应

我们知道，就在安培的不朽著作之后不久，电动感应被发现。只要它仅仅是闭路电流的问题，那就没有困难。亥姆霍兹甚至指出，只要有能量守恒原理，我们就能从安培的电动力学定律推导出感应定律。但正如贝特朗清楚地表明的，我们需要作一些假设。能量守恒原理也使我们能在开路电流的情况下作这一推导，尽管结果无法得到实验验证，因为我们无法产生这样的电流。

如果我们想把这种分析方法应用于安培关于开路电流的理论，我们将会得到可能令我们惊讶的结果。首先，不能根据理论科学家和实验科学家所熟知的公式从磁场的变化中推导出感应。事实上，正如我所说，严格说来并不存在磁场。此外，如果电路 C 受到可变伏打系统 ①S 的感应，如果该系统 S 以任何方式移动和变形，使得该系统的电流强度按照某个定律变化，那么只要系统在这些变化之后回到其初始状态，那么似乎就可以自然地假设，电路 C 中感应的**平均电动势为零**。如果电路 C 是闭合的，且系统 S 只包含闭路电流，那么它就为真。如果我们接受安培的理论，由于存在开路电流，那么它就不再为真。因此，感应不仅不再是通常意义上磁力流的变化，而且不能通过任何东西的变化来表示。

Ⅱ　亥姆霍兹的理论

我已经详细讨论了安培理论的推论以及他解释开路电流作用的方法。不难看出他的理论所蕴含命题的悖谬性和人为性，因此我们认为"不应该如此"。于是我们懂得，亥姆霍兹寻找的是其他东西。他拒绝接受安培的基本假设，即两个电流元的相互作用可以归结为沿其连线起作用的力。他假定电流元不受单一力的作用，而受力和转矩的作用，这正是贝特朗与亥姆霍兹之间著名论战的起因。

亥姆霍兹用以下假设取代了安培的假设：两个电流元总是容许一个只依赖于它们位置和方向的电动势；它们彼此施加的力所作的功等于这个电动势的变化。因此，亥姆霍兹和安培一样依赖于假设，但他至少明确阐述了这种依赖性。

---

① 指出现可变电流的电路。——中译者

在唯一可以通过实验来研究的闭路电流的情况下，这两种理论是一致的；而在所有其他情况下，它们是不同的。首先，与安培的看法相反，闭路电流的可动部分所受的力不同于可动部分是孤立的且构成开路电流时所受的力。

让我们回到上面提到的电路 C′，它由一根在固定导线上滑动的可动导线 αβ 所构成。在唯一能做的实验中，可动部分 αβ 不是孤立的，而是闭合电路的一部分。当它从 AB 移到 A′B′ 时，总电动势出于两个原因而变化：

1° 由于 A′B′ 相对于电路 C 的电动势不同于 AB 的电动势，所以总电动势最初会增加；

2° 由于电流元 AA′ 和 B′B 相对于 C 的电动势必定会增加，所以总电动势会再次增加。

正是这**双重**的增加，表示作用于 AB 部分的力所做的功。另一方面，如果 αβ 是孤立的，则电动势只有第一次增加，只有这一增加才能决定作用于 AB 的力所做的功。

其次，如果没有滑动接触，就不会有持续转动。事实上，正如我们在闭路电流的情况下所看到的，这是电动势存在的直接推论。在法拉第的实验中，如果磁铁固定，磁铁外部的电流部分沿可动导线流动，则这个可动导线会持续转动。但这并不意味着，如果不让导线与磁铁接触，并使**开路**电流沿导线流动，导线仍将持续转动。事实上，我刚才说过，**孤立的**电流元所受的作用不同于作为闭合电路一部分的可动电流元所受的作用。另一个区别是，根据实验和这两种理论，闭合螺线管对闭路电流的作用为零。根据安培的说法，它对开路电流的作用也将为零，而根据亥姆霍兹的说法则不为零。

由此产生了一个重要推论。上面我们给出了磁力的三种定义。第三种定义在这里没有意义，因为电流元不再受单一力的作用。第一种定义也没有意义。事实上，磁极是什么？它是无限长的线性磁铁的末端。这个磁铁可以用无限长的螺线管来代替。为使这个磁力定义有意义，开路电流对无限螺线管的作用应当只依赖于螺线管末端的位置，也就是说，对闭合螺线管的作用应当为零。而我们已经看到，情况并非如此。另一方面，没有什么能够阻碍我们采用第二种定义，它建立在对倾向于为磁针定向的定向转矩的测量上；但如果采用这种定义，那么感应作用和电动力学作用都不会只依赖于磁力线的分布。

Ⅲ   这些理论引发的困难

亥姆霍兹的理论优于安培的理论，但远未解决所有困难。在这两种理论中，"磁场"一词都没有意义，或者如果以某种人为的约定赋予它意义，那么所有电学家都熟悉的普通定律就不再适用了。例如，导线中的感应电动势不再由导线切割的力线数来度量。

我们的异议不仅源于难以放弃根深蒂固的语言习惯和思维习惯，还源于其他原因。如果我们不相信超距作用，那么就必须通过介质的变化来解释电动力学现象。这种介质就是我们所谓的"磁场"，于是电动力学效应应当只依赖于磁场。所有这些困难都来自开路电流假设。

IV 麦克斯韦的理论

这些都是流行的理论所引发的问题，麦克斯韦大笔一挥，这些问题就消失得无影无踪。事实上在他看来，所有电流都是闭路电流。麦克斯韦认为，如果电介质中的电场发生变化，这种电介质就会成为一种特殊现象的场所，这种现象像电流一样作用于电流计，他称之为**位移电流**。于是，如果用导线将带有相反电荷的两个导体连接起来，那么在放电时，导线中会出现开路传导电流，同时在周围的电介质中会产生位移电流，它使该传导电流闭合。

我们知道，麦克斯韦的理论引出了对光学现象的解释，这些现象被认为是由极快的电振动造成的。当时，这种观念仅仅是一种大胆的假设，没有实验能够支持它；但20年后，麦克斯韦的观念得到了实验确证。赫兹成功地制造出电振动系统，电振动再现了光的所有性质，只在波长上有所不同，就像蓝色与红色不同一样。在某种意义上，他合成了光。众所周知，无线电报就起源于此。

有人可能会说，赫兹并没有直接证明麦克斯韦的基本观念，即位移电流对电流计的作用。从某种意义上说，这是对的。他只是直接表明，电磁感应并非如人们所认为的那样是瞬时传播的，而是以光速传播的。然而，假设不存在位移电流，感应以光速传播，这与假设位移电流产生感应效应，感应瞬时传播，**归根结底是一回事**。这初看起来是看不到的，但用分析可以证明它，这里我甚至认为没有必要对它进行概述。

V 罗兰的实验

如上所述，开路电流有两种类型，第一种是电容器或任何导体的放电电流。还有另一种情况，电荷描出一条闭合曲线，在一部分电路通过传导来移动，在另一部分电路通过运流来移动。

对于第一类开路电流，可以认为这个问题已经解决；它们通过位移电流而闭合。对于第二类开路电流，解决方案似乎要更简单。如果电流是闭路的，它似乎只能通过运流电流本身而闭合。为此，我们只需要承认，"运流电流"，即运动中的带电导体，能够作用于电流计。但仍然缺乏实验确证。事实上，即使尽可能地增大导体的电荷和速度，似乎也很难产生足够强的电流。

罗兰（Rowland）是一位技艺精湛的实验家，他第一次克服了这些困难。他让一个高速旋转的圆盘获得很强的静电荷。磁盘旁边的无定向磁系统发生了偏离。这个实验罗兰做过两次，一次在柏林，一次在巴尔的摩。接着希姆施泰特（Himstedt）重复了这个实验。这两位物理学家甚至相信，他们可以宣称成功地进行了定量测量。20 年来，所有物理学家都毫无异议地接受了罗兰定律，而且一切似乎都确证了这一定律。电火花确实产生了磁效应。电火花的放电是由于从一个电极取走粒子，并把其电荷传输到另一个电极，这难道不是极有可能吗？在电火花的光谱中，我们辨识出电极金属的谱线，这难道不是它的证据吗？于是，电火花将是真正的运流电流。

另一方面，我们也承认，在电解质中，电是由运动离子传导的。

因此，电解液中的电流也是运流电流，但它作用于磁针。阴极射线也是如此；克鲁克斯（Crookes）将这些射线归因于一种带负电并且高速运动的非常精细的物质。换言之，他认为它们是运流电流。现在，这些阴极射线被磁铁偏转。根据作用与反作用原理，它们应该反过来使磁针偏转。

赫兹固然认为自己已经证明阴极射线不带负电，也不作用于磁针，但他错了。首先，佩兰（Perrin）成功地收集了这些射线所带的电，而赫兹否认这种电的存在。尚未发现的 X 射线的作用似乎误导了这位德国科学家。后来，也就是最近，人们阐明了阴极射线对磁针的作用，并认识到赫兹错误的来源。于是，所有这些被视为运流电流的现象——电火花、电解电流和阴极射线——都以同样方式作用于电流计，并且符合罗兰定律。

VI 洛伦兹的理论

科学很快取得了进一步进展。根据洛伦兹定律，传导电流本身就是真正的运流电流。电将稳定持久地附着在被称为**电子**的某些物质粒子上。电子在物体中的循环会产生伏打电流。导体与绝缘体的区别就在于，导体能让电子通过，而绝缘体则阻挡电子的运动。洛伦兹的理论极具吸引力，因为它为某些现象提供了非常简单的解释，而以前的理论，甚至是原始形式的麦克斯韦理论，也无法令人满意地解释这些现象，例如光行差、光波的部分拖曳、磁偏振和塞曼效应。

一些反对意见仍然存在。电系统的现象似乎依赖于系统重心平移的绝对速度，这与我们对空间相对性的看法相反。在克雷米厄（Crémieu）博士答辩时，利普曼（Lippmann）以引人注目的方式提出了这一反对意见。设想两个以相同平移速度移动的带电导体，它们处于相对静止。但每一个都相当于运流电流，因此它们应当相互吸引，通过测量这种吸引，我们就能测量它们的绝对速度。

洛伦兹的追随者表示反对，他们回应说，在这种情况下，我们所能测量的不是它们的绝对速度，而是它们**相对于以太**的相对速度，因此相对性原理不会受到损害。

尽管有这些反对意见，电动力学的大厦至少在轮廓上似乎已经建成。一切看起来都很令人满意。安培的理论和亥姆霍兹的理论现在似乎只具有纯粹的历史意义，因为它们是为不再存在的开路电流创立的。这些理论所导致的无法解决的复杂情况几乎被遗忘。克雷米厄先生的实验最近打破了这种寂静，这些实验似乎与罗兰此前得到的结果相矛盾。新的研究并未确证它们，洛伦兹的理论成功地经受住了检验。这些变迁的历史仍然有启发性，因为它指出了科学家面临的陷阱，并且显示了如何可能避免这些陷阱。

第十四章　物质的终结 [1]

近年来，物理学家宣布的最惊人的发现之一是物质不存在。现在我们要说，这些发现还不是最终的。物质的首要属性是其质量和惯性。质量时时处处保持不变。即使化学变化改变了物质的所有可感知的性质，似乎将它变成了另一种物质，质量也继续存在。如果我们证明，物质的质量和惯性实际上并不属于物质，而是一种借来的额外的东西，而且这种恒定的东西本身也会发生变化，我们就可以说物质不存在，而这正是我们正在讨论的东西。

迄今为止，我们所能观测的速度都相对较低，因为将所有汽车都抛在后面的那些天体，其速度也仅为每秒 60 至 100 "公里"。诚然，光的速度是它的 3000 多倍，但光不是一种运动的物质，而是一种穿过相对静止的物质的扰动，就像海浪在海面上移动一样。在这么低的速度下所作的所有观察都表明质量是不变的，没有人怀疑在更高的速度下质量是否会保持不变。

最小的粒子打破了速度最快的行星水星的速度记录。我指的是运动产生阴极射线和镭射线的那些粒子。我们知道，这些辐射源乃是由于分子的轰击。在这种轰击中射出的炮弹带负电，如果用法

---

[1]　参见 *L'Évolution de la matière* by Gustave Le Bon。

拉第圆筒收集这些电荷，我们就可以确信这一点。由于带电，它们会被磁场和电场所偏转，对这些偏转进行比较，就可以知道它们的速度以及电荷与质量的关系。

但这些测量表明，一方面，它们的速度非常巨大，约为光速的十分之一或三分之一，是行星速度的千倍；另一方面，它们的荷质比极大。于是，每一个运动粒子都代表一个显著的电流。我们知道，电流有一种被称为**自感**的特殊惯性。电流一旦产生，就倾向于继续流动，因此，当我们试图通过切断电路来阻止电流时，在断点处会看到电火花。因此，电流倾向于保持其强度，就像运动物体倾向于保持其速度一样。

于是，我们的阴极射线粒子能够抵抗改变其速度的力，这有两个原因：首先是由于其自身的惯性，其次是由于自感，因为所有速度变化都会相应地改变电流。因此，我们称之为**电子**的粒子有两种惯性：机械惯性和电磁惯性。

理论家亚伯拉罕（Abraham）和实验家考夫曼（Kaufman）共同努力研究这两种惯性的作用。他们不得不接受一个假设，认为所有负电子都是相同的，带本质上恒定的相同电荷，而且个别电子之间的差异只来自它们显示出的不同速度。当速度变化时，真实质量即机械质量保持不变，这可以说是它的定义。电磁惯性有助于形成表观质量，按照某种定律随速度而增加。因此，速度与质荷比之间应该存在联系，正如前面提到的，我们可以通过观测射线在磁铁或电场影响下的偏转来计算这些量。研究这种相互作用，就可以确定这两种惯性的作用。**真实质量不存在**，这一发现非常令人惊讶。诚然，我们必须接受一开始提出的假设，但理论曲线与实验曲线的一致足以使这个假设相当可信。

因此，这些负电子没有严格意义上的质量。如果它们似乎具有惯性，那是因为它们不能在不扰动以太的情况下改变速度。其表观惯性只不过是从以太那里借来的，而不是电子本身所固有的。然而，这些负电子并不构成所有物质。于是我们可以假设，除电子之外，还有一种具有自身惯性的真实物质。有些类型的辐射，如戈德斯坦（Goldstein）的阳极射线和镭的 α 射线，是由带正电的炮弹雨引起的。这些正电子也没有质量吗？不能这样说，因为它们比负电子重得多，也慢得多。因此，有两个假设仍然是可以接受的：要么这些电子更重，因为它们的机械惯性超过了它们借来的电磁惯性，从而使之成为真实的物质；要么实际上，这些电子和其他电子一样没有质量，如果它们看起来更重，那是因为它们更小。我的意思的确是更小，尽管这看起来也许很悖谬，因为在这个模型中，粒子只不过是以太中的一点空隙，只有它是真实的，只有它具有惯性。

迄今为止，物质还没有太大的风险，所以我们仍然可以采用第一个假设，甚至相信除正负电子之外，还有中性原子。洛伦兹最近的研究将会否定我们最后这一选择。我们随着地球的运动而运动，它是非常快的。这种运动不会改变光现象和电现象吗？我们早就这样认为了，并且猜测，根据仪器相对于地球运动的方向，观测会发现一些差异。结果并非如此，即使最精密的测量也没有显示出这种情况。在这方面，实验证明了令所有物理学家感到厌恶的东西。如果真的发现了什么，我们不仅会发现地球相对于太阳的相对运动，还会发现地球相对于以太的绝对运动。许多人很难相信，所有实验都只能显示相对运动，他们更愿意承认物质是没有质量的。

因此，获得的否定结果并不令人惊讶，尽管它们与公认的理论相反，但它们支持一种先于所有这些理论的深刻直觉。我们仍然需要对这些理论做出相应修改，以使它们与实验事实相一致。这就是斐兹杰惹（Fitzgerald）在提出一个令人惊讶的假设时所做的事情。他假设，所有物体都会沿地球运动的方向收缩大约一亿分之一。一个完美的球体变成了一个扁平的椭球，如果让它旋转，它就会改变形状，使椭球的短轴始终与地球的速度平行。由于测量仪器的变形与被测量物体的变形相同，所以我们注意不到任何东西，除非我们费力确定光经过物体长度所需的时间。

这一假设解释了观察到的事实，但这还不够。总有一天，我们会进行更精确的观察，这一次结果将是肯定的。它们能使我们测定地球的绝对运动吗？洛伦兹并不这样认为，他认为这种测定是永远不可能的。所有物理学家的直觉以及迄今为止所遭遇的失败都足以证明他的看法。于是，让我们把这种不可能性看成一个一般的自然定律，我们将把它当作公设来接受。会有什么后果呢？这就是洛伦兹想要发现的东西，他发现所有原子和所有正负电子的惯性，都应该按照完全相同的定律随速度而变化。这样一来，每一小块物质都将由小而重的正电子和大而轻的负电子所构成。如果感知到的物质似乎并不带电，那是因为这两种电子的数目大致相等。它们都没有质量，只具有借来的惯性。在这个系统中没有真正的物质，只有以太中的空隙。

在郎之万（Langevin）看来，物质是液化的以太，失去了它的性质；当物质运动时，并不是这种液化的质量在以太中移动，而是这种液化向新的以太部分逐渐扩展，而在后方，已经液化的部分又逐渐恢复原状。物质在运动中并不保持不变。

　　这就是最近的问题所在，我们现在听说考夫曼已经提出了新的实验结果。速度巨大的负电子应当发生斐兹杰惹收缩，这会改变速度与质量之间的关系。然而，最近的这些实验并不能证实这种预测。到那时，一切都会完全失败，物质将重新获得其存在的权利。不过，这些实验很复杂，目前下结论还为时尚早。

图书在版编目(CIP)数据

科学与假设/(法)庞加莱著;张卜天译.—北京:商务
印书馆,2023(2024.6重印)
 ISBN 978-7-100-23033-9

 Ⅰ.①科… Ⅱ.①庞… ②张… Ⅲ.①科学哲学—
研究 Ⅳ.①N02

中国国家版本馆 CIP 数据核字(2023)第 175333 号

科 学 与 假 设

〔法〕庞加莱 著

张卜天 译

———————————————

商 务 印 书 馆 出 版
(北京王府井大街 36 号 邮政编码 100710)
商 务 印 书 馆 发 行
北 京 通 州 皇 家 印 刷 厂 印 刷
ISBN 978-7-100-23033-9

2023 年 11 月第 1 版　　　开本 850×1168 1/32
2024 年 6 月北京第 2 次印刷　印张 6½

定价:42.00 元